油藏开发闭环生产
优化控制理论与方法

赵　辉　曹　琳　康志江　史永波　著

国家自然科学基金(No.51344003,No.51674039,No.51604035)
国家科技重大专项(2016ZX05014—003)　　　　　资助
2016 年长江大学青年人才基金

科学出版社
北　京

内 容 简 介

本书是作者在闭环生产优化控制理论与方法领域多年积累的研究成果的基础上总结提炼而成的,集中体现了该领域理论与方法研究的发展历程、现状和前沿,具有鲜明的时代特色。本书主要从油藏开发生产控制优化方法与油藏数值模拟自动历史拟合方法两个方面着重介绍了智能油田开发理论研究的核心技术——油藏开发闭环生产优化控制理论与方法。

本书的理论性与实用性均较强,内容涉及方法原理、理论推导、软件编制、算例测试及应用等。不仅可以供油藏工程、油田开发等专业大学生和工程技术人员参考,也可以作为油田一线工作人员,特别是油藏工程师的培训教材。

图书在版编目(CIP)数据

油藏开发闭环生产优化控制理论与方法/赵辉等著.—北京:科学出版社,2016.11

ISBN 978-7-03-050500-2

Ⅰ.①油… Ⅱ.①赵… Ⅲ.①油田开发—闭环控制系统—研究 Ⅳ.①TE34

中国版本图书馆 CIP 数据核字(2016)第 267821 号

责任编辑:闫 陶 何 念/责任校对:董艳辉 周玉莲
责任印制:彭 超/封面设计:苏 波

科 学 出 版 社 出版
北京东黄城根北街 16 号
邮政编码:100717
http://www.sciencep.com

武汉市首壹印务有限公司印刷
科学出版社发行 各地新华书店经销

*

开本:787×1092 1/16
2016 年 11 月第 一 版 印张:9 3/4 插图:12
2016 年 11 月第一次印刷 字数:267 000
定价:68.00 元
(如有印装质量问题,我社负责调换)

作者简介

赵辉,男,1984年生,副教授,硕士生导师,2006年7月毕业于石油大学(华东)石油工程系石油工程专业,获工学学士学位,同年9月进入石油大学(华东)研究生院,攻读油气田开发工程专业硕士学位,2008年9月攻读油气田开发工程专业博士学位。期间获国家建设高水平大学公派研究生资格,于2009年9月至2010年9月在美国Tulsa大学进行博士联合培养的学习。2011年起在长江大学任教至今,入选长江大学"领军人才"计划。国际SPE会员,"SPEJ"《石油勘探与开发》等石油权威期刊编辑。以第一作者或通讯作者发表学术论文30余篇,其中,三大检索21篇;出版专著1部;承担国家自然科学基金、国家科技重大专项等在内的课题11项;获省部级科研奖励3项。主要研究方向:油藏数值模拟技术、油藏开发生产优化控制理论与井间动态连通性理论与方法等。

序

赵辉老师所著的《油藏开发闭环生产优化控制理论与方法》将要由科学出版社出版了。该书是作者在闭环生产优化控制理论与方法领域多年积累的研究成果的基础上总结提炼而成,集中体现了该领域理论与方法研究的现状、前沿和发展趋势。同时该书又非常注重理论的基础性、系统性和完整性,为读者真正理解在油田数字化背景下的油藏生产优化控制理论与方法提供了重要的基础。

全书内容共分为五章,第一章从智能油田技术的角度出发,分两部分着重讲述了目前智能油田核心技术闭环生产优化控制理论与方法的发展历程及未来展望。第二章以最优化理论为基础,结合油藏生产实际,详细阐述了油藏开发生产优化控制数学模型建立过程,并引入多种无梯度优化算法进行自动求解。考虑到油藏实际生产等情况的约束,以及油藏地质模型的不确定性等问题,从系统自动化领域引入鲁棒控制思想,探讨了在线性、非线性混合约束下的鲁棒生产优化控制问题的求解,进一步提高了该理论方法实际应用的适应性。第三章以贝叶斯统计理论为基础将油藏历史拟合典型的反问题转化为概率求解问题,分别针对确定性及不确定性油藏模型研究,结合两大类无梯度优化方法进行了自动求解,实现了油藏模型的自动反演过程,能极大地减轻油藏工程师人工拟合的重担,使他们更多地关注优化方案的制定工作。第四章和第五章介绍了以上理论与方法及相应的软件在各油田的应用,并进行了实例分析。

生产优化控制理论与方法是在油藏生产整个过程当中进行开发方案制定的有效手段,并能针对高含水后期油藏实现剩余油挖潜方案的制定。

该书的特色可以归纳为以下几个方面。

(1) 内容新颖。该书是作者在博士论文的工作基础之上结合近年来的科研成果总结凝练而成,为最优化理论与油藏数值模拟技术的交叉学科前沿。有关成果曾获湖北省科技进步奖和中国石油和化学工业联合会科技进步奖。

(2) 系统性和完整性强。该书的第二章和第三章系统地介绍闭环生产优化控制理论与方法两大关键技术的实现过程,使该书的理论系统比较完整,同时也为读者深刻理解该书的内容奠定了基础。

(3) 理论与方法的实用性。理论结合实际是对应用基础研究工作的基本要求。理论研究成果必须放到实际中检验,并结合实际应用当中存在的问题进一步改进方法,从而使得形成的理论和方法有较强的实用性。该书很好地体现了这一过程,并形成了能够解决现场生产难题的方法和技术。

(4) 内容的丰富性。从最优化方法的基础理论与方法,到结合油藏生产实际的自动历史拟合及生产优化控制方法,再到闭环生产优化控制软件的研制和现场的应用。该书为读者提供了丰富的信息和知识。

　　《油藏开发闭环生产优化控制理论与方法》将会在今后我国石油工业数字化智能化的发展大潮中,发挥越来越重要的作用。

中国工程院院士

李阳

2016 年 10 月

前　　言

在全球信息化浪潮之下,油田生产管理逐步进入信息化、智能化时代;但如何立足已探明的石油资源,提高原油产量,保障石油供给需求仍是石油行业迫切需要解决的重大问题。为了实现油气资源开发最优化和经济价值最大化,油藏闭环优化控制理论是在智能油田的时代背景下提出的解决方案之一。油藏闭环优化控制理论的研究与应用是随着油藏数值模拟技术发展而成长的一门新学科,该方法通过自动历史拟合和生产模型的最优化求解,能动态获取油水井注采及措施调控参数,尽可能地优化产出效益和提高模型认识程度,能够有效解放油藏工程师精力,更多地投入到制定开发优化方案当中。油藏闭环优化控制技术作为智能油田概念关键的一环,一直是研究热点,故此笔者以博士期间研究积累结合近五年的工作成果著作此书,以期将该领域的研究的部分理论与读者探讨、分享。

全书一共分五章:第一章介绍了智能油田概念,油藏闭环生产优化控制理论方法中自动历史拟合以及生产优化技术优势和存在的问题,研究及应用现状,未来展望等,为后续闭环优化控制理论的展开提供了背景信息;第二章详细介绍了最优化理论在油藏开发当中的应用,建立了油藏开发生产控制最优模型并对其进行求解,并针对复杂混合约束条件下的模型求解及引入鲁棒思想的方案制定方法展开了论述;第三章在贝叶斯统计理论的框架之下建立了油藏自动历史拟合数学模型,结合随机极大似然思想,分别采用参数降维策略结合无梯度类方法以及多模型数据同化方法进行求解,并对其相应的适用性进行了探讨;第四章通过将自动历史拟合方法与油藏开发生产控制方法相结合形成闭环优化控制方法,并分别应用于概念与实际油藏进行测试;第五章介绍了基于上述理论编制的油藏开发闭环优化控制软件及其在油田的实际应用。

在本书撰写过程中,由史永波、唐乙玮、孙海涛、李颖协助算法改进及测试工作,由康志江、曹琳协助实际油藏应用结合与测试工作,赵辉负责全书的统稿工作。

在本书出版之际,感谢国家自然科学基金、国家科技重大专项、长江大学青年人才基金的经费支持,本书部分成果为以上项目研究成果。感谢中石化石油勘探开发研究院等单位领导及专家的大力扶持,成书过程中他们都给予了很好的指导和建议,使书中研究成果得以提升,并且为书中理论和方法的应用提供了大力支持。最后向美国 Tulsa 大学TUPREP 工作组所提供的技术支持表示感谢。

本书的出版得到长江大学建设经费的资助,在此表示感谢。

笔者水平有限,书中难免有疏漏之处,恳请读者批评指正。

作　者
2016 年 5 月

目　　录

第一章 概　　述

　　石油是"黑色的金子",是现代工业的"血液",不仅是一种不可再生的商品,更是国家生存和发展不可或缺的战略资源,对保障国家经济和社会发展以及国防安全有着不可估量的作用。

　　目前,国际市场油价低迷,随着大型油气田已经进入中高含水开发阶段,其开采成本逐年增加,部分油田不得不逐步关停高含水井,但油田整体采出程度仍然较低(郑军卫等,2007)。以我国为例,按照目前开发技术水平,各主力油田将有近 2/3 的剩余储量不能采出。根据目前的技术水平和对石油地质勘探的认识,发现新的大型油气田已相当困难,各大石油公司的勘探目标已转向较为复杂的地区、滩海和深海等难采、难动用储量。于是,如何在这种油价低迷、开采成本增加的双重压力下,保持石油开采经济效益增长,是目前世界石油行业一个迫于解决的问题。在这种形势的推动下,各大石油公司纷纷寻求解决的办法,于是"智能油田"的概念被提出并得到广泛关注。

第一节　智能油田系统

　　油藏管理(reservoir management,RM),是 20 世纪 70 年代为提高油藏开发综合效益而兴起的一种油田开发理念和方法体系(杜志敏等,2002;张朝琛等,1999;Gringarten,1998;Woods et al.,1992)。近年,传感技术和计算机的飞速发展和普及使得井组远程监控、远程控制技术和油藏数值模拟技术得到了广泛的应用。这些新技术与油藏管理的思想相结合,推动着人们在油田的建设和生产上进行一场系统、全面革新,"智能油田"便是在这种背景下提出的新的油田生产管理理念。从提出伊始便得到人们的广泛关注,成为研究的热点。世界各大石油公司借助新的方法和技术,纷纷开始致力于发展智能油田的相关技术及理论研究,智能油田已成为未来提高原油采收率,实现油气资源开发最优化和经济价值最大化的重要发展方向。

　　智能油田系统是指一套联系地面与井下的闭环信息采集、双向传输和处理应用系统(图 1-1)。首先通过地下的传感、传输系统和地面收集系统将油井生产参数实时汇总到大型数据库中,生产技术人员通过油藏数值模拟软件快速地将数据库中的生产数据进行模拟、分析、处理,获取实时的地下动态,利用最优化理论,制定最优的生产工作制度,进而通过远程控制系统对生产制度进行实时调控,实现油气资源开发最优化和经济价值最大化。概括地说,就是"采集→模拟→决策→控制"。其中,"采集"和"控制"主要依靠智能井系统,而"模拟"和"决策"主要依靠油藏开发闭环生产优化控制技术。

　　目前许多世界知名石油公司都已经将智能油田的生产管理模式在实际油藏进行初步应用,如斯伦贝谢的 Haradh 智能油田、巴西石油的 Brownfield 智能油田和壳牌的 NaKika、

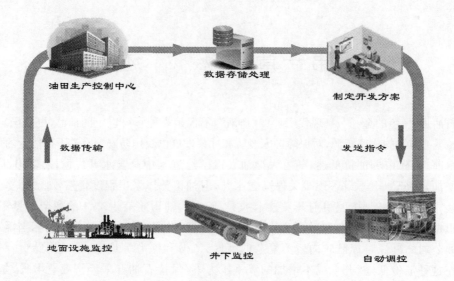

图 1-1　智能油田系统示意图

Champoin West 智能油田,它们都取得了理想的效果。壳牌公司被认为是世界上智能油田开发投资最大的公司,研究走在前列。它认为智能油田生产管理模式(图 1-2)可使得:①油田开发方案设计及决策时间降低 75%;②油田平均采收率提高 8%,成本降低 20%。壳牌公司 21 世纪初投产 70 口智能井,仅一年就创造了约 200 万美元的额外净产值(ExxonMobil Corporation,2004)。北海 Ekofisk 油田依靠智能油田技术减缓了产量递减速度,实现了油田可持续发展,其预测采收率最大可提高近 14%(王金旗等,2004)。剑桥能源研究协会(CERA)估计:如果使用智能油田技术,世界范围内现有油田6~10年内可

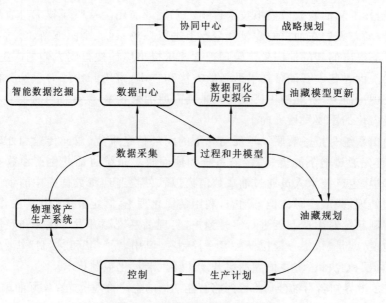

图 1-2　油藏闭环管理示意图

以增产原油 1250 亿桶,相当于伊拉克的可采储量的总和。可见智能油田拥有巨大的经济效益和广阔的应用前景,具有十分重要的研究意义。虽然智能油田的应用取得了许多不错的成果,但是智能油田开发技术目前仍停留在起步阶段,相关的理论方法仍需进一步研究和完善。在我国,新疆油田公司是我国首个提出建设智能油田的公司,依靠已经初步具备的"数字油田"的基础,新疆油田公司计划未来 5 年内在克拉玛依建设第一个智能油田(Satter et al.,1994)(图 1-3)。

图 1-3　新疆油田公司已从数字化迈向智能化

智能井作为智能油田系统硬件基础,主要解决了智能油田"采集→模拟→决策→控制"闭环环节中的"采集"(通过智能井下传感器进行实时采集数据)与"控制"(通过智能井下控制阀进行生产实时调控)两个部分。概括来讲,智能井技术是为了适应现代油藏经营管理和信息技术应用于油气藏开采而发展起来的新技术,通过生产动态的实时监测和实时控制,达到提高油藏采收率和提高油藏经营管理水平的目的。国外已经出现了一些相对成熟的智能井系统,中国在这方面还处于探索阶段,但出现了一些初具智能功能的"井下开关"。为了提高智能井的实时控制性能,还须在数据处理与解释、油藏模型实时更新、生产实时优化等方面展开深入的研究。随着油气勘探开发目标逐步转向复杂地区、滩海及深海等恶劣环境,中国也应大力开展智能井技术的相关研究。

油藏开发闭环生产优化管理技术是本书主要涉及的内容,后文将进行具体阐述。其作为智能油田系统的软件基础,主要解决了智能油田"采集→模拟→决策→控制"闭环环节中的"模拟"(通过油藏数值模拟技术掌控油水动态)与"决策"(通过最优化理论制定生产制度)两个部分。以下将对油藏开发闭环生产优化技术发展历史及研究与应用现状进行详细介绍。

第二节　油藏闭环生产优化控制定义

"油藏生产闭环优化控制"(reservoir production closed-loop optimization control,RPCOC)就是针对智能油田实时调控环节提出的一项新兴课题,也是智能油田理论研究的核心部分;同时,油藏生产闭环优化控制不仅仅是用于智能油田,它依赖于自动历史拟合和生产优化的结合,体现了它的"闭环"的特性。因此,也可以说油藏生产闭环优化控制技术就是充分结合新的技术和方法,对传统的油田开发技术的一种改进。相比被动控制方法,它以实现整个油藏生产效益的最大化为目标,利用油藏数值模拟及最优化理论,实时优化油水井的生产调控参数(如油井压力、流量等),高效率地管理油藏的开发状况。这种管理方法不仅能很好地保障决策的"最优",还可以大大降低决策时间。油藏闭环生产优化控制涉及多学科的复杂问题,开展油藏闭环生产优化控制的研究对于实现油气田工程的信息化和智能化,提高油藏管理水平,具有十分重要的意义。

油藏闭环生产优化管理系统主要为两大部分,即油藏自动历史拟合(reservoir automatic history matching)和油藏开发生产优化(optimization of production development of reservoir)(Wang et al.,2007)。

自动历史拟合,就是以油藏生产系统作为研究对象,利用油藏数值模拟技术通过对传感器输出的生产观测数据进行自动历史拟合来更新修正油藏模型,降低油藏模型的不确定性。

生产优化,就是以拟合后的油藏模型为基础,在确定当前油藏的油水的分布后,基于油藏数值模拟技术和优化控制算法进行油田开发生产优化,确定油藏未来生产的最优工作制度。

简单来说,所谓油藏闭环生产优化管理(图 1-4),就是经过生产优化之后,油田工作制度发生改变,再利用新的生产观测数据去实时地更新、修正所建立的油藏模型,再进行新的油藏生产优化过程,随着开发的一步步进行,"拟合→优化→再拟合→再优化"这个如闭环一样的优化过程不断进行,最终实现油藏开发生产效益的最大化。

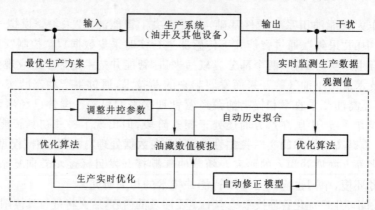

图 1-4   油藏闭环生产优化管理过程

第三节 油藏闭环生产优化控制发展历史及现状

一、油藏开发实时生产优化发展概况

油藏生产优化作为闭环优化的关键环节,其目的是基于当前地质认识情况确定最优生产制度。如图 1-5 所示,在一个区块内,改变油水井的注采量,将影响油藏内部压力、饱

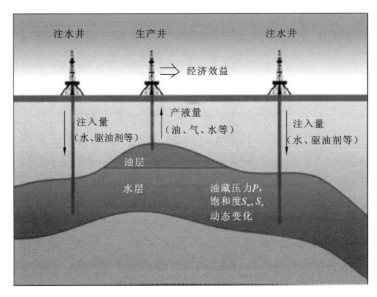

注水井　　　　　生产井　　　　　　　　注水井

→ 经济效益

注入量
(水、驱油剂等)

产液量
(油、气、水等)

注入量
(水、驱油剂等)

油层

水层　　　　　　　油藏压力P,
饱和度S_w,S_o
动态变化

图 1-5　油藏生产示意图

和度等的状态参数,生产井中油水的产量也会随之改变。如何确定每口井的工作制度来获得较高的采收率与经济效益,是油藏开发方案设计的关键。

　　常规的注采参数设计是以油藏整体或井组为单元,人工设定多组时间和注采量组合的方案,在这些方案中选取效果相对最好的方案应用于实际油田。但是因为方案中参数的取值大小受人为因素影响较大,具有随意性和盲目性,而且枚举方案个数有限,所以通过有限列举法制定的多种方案有可能都不是最优的,难以达到油田最好的开发效果,再者,此方法对连通性复杂、井网规则性差的油藏适用性差。不合理的方案应用于油田可能会使地下情况发生改变,如水的指进等,还可能造成人力、物力、财力的浪费,这是我们不愿看到的。

　　油藏开发生产优化控制技术很好地解决了这些问题,能够使油田开发方案设计时间及决策时间降低 75%。它是一种以经过拟合后的油藏地质模型为基础,以单井为对象注采方案设计方法,并以实现油藏经济效益最大化为目标,把对油藏生产体系的控制描述成一个最优化问题,通过优化油水井注采参数求解,自动地为油水井定制各阶段的生产调控方案,调控油水井的生产,以此改善开发效果。

　　因此,油藏生产优化研究越来越多地受到国际学术界的重视,Comp. Geos. 杂志在2006 年出版了油藏生产优化专刊,美国 SPE 每年都举办智能能源会议,尽可能将能源开采与智能优化结合起来,改善油田开发的效果。

　　油藏生产优化的发展最早可以追溯到 20 世纪 50 年代,Lee 等(1958)利用线性规划解决石油开采产量优化问题,在当时,由于受制于相态相数、模型尺寸及数值模拟技术等因素,模拟具有较大的局限性。到了 20 世纪 80～90 年代,由于计算机技术、优化方法的迅猛发展以及油田开发的迫切需要,各国一些研究机构开始积极地应用优化技术研究油田开发中遇到的各种问题,依据所研究问题模型的不同,线性规划、非线性规划、随机规划、模糊规划、动态规划、最优控制、遗传算法等优化方法均在油田开发决策问题中得到应用。进入 21 世纪,人们对油藏开发优化的认识不断深入,把油藏开发方案选择描述成为一个最优化问题这一思想逐渐成形:荷兰 Delft 大学的 Brouwer 等(2002)首次提出了"油藏开发生产优化控制"的概念,真正地实现了最优控制理论和三维三相隐式油藏数值模拟的结合,并基于伴随法形成了高效的梯度类求解算法,实例计算显示:优化后水驱突破时间由原来的 253 d 延长到了 658 d;Naevdal 等(2006)考虑到前人的研究均是基于油藏模型为已知确定模型进行优化,而实际模型具有较强不确定性,于是将自动历史拟合融合进来,通过交替进行自动历史拟合来更新油藏模型,并以更新后的模型进行后期生产优化,使油藏尽可能实时处于最优控制状态,实现快速增油,至此油藏开发闭环优化控制理论正式被提出。

解决优化问题离不开算法,在优化算法研究的方向上,梯度类算法是解决优化问题的一类重要方法,但在油田开发优化问题上,其梯度的获取异常困难。国外许多学者对此进行了大量研究,通常是采用伴随方法(adjoint method)(Wang et al.,2007;Sarma et al.,2006;de Montleau et al.,2006;Sarma et al.,2005)进行求解,该方法是基于变分原理(邢继祥等,2003;Lions,1971)发展起来的一种最优控制方法,它能够较为准确地获得目标函数的梯度。但是伴随方法也有缺陷,它需要通过编写伴随矩阵嵌入油藏数值模拟计算中来获取梯度,使得求解过程异常复杂,大大增加了程序实现的难度。且每次梯度的求解必须是在油藏模拟全隐式条件下进行正向和反向两次计算,降低了模拟器的计算效率。对于三次采油以及含有水平井等油藏开发问题,尚无有效的方法计算真正的梯度。因此,尽管梯度类算法在一些实例测试中表现出了较快的计算效率,但其目前仍无法较好地应用于实际油藏生产优化问题的求解,难以在石油行业得到广泛的推广。

相对于梯度类算法,无梯度类方法因为其计算更加简便、适用范围广的特点而越来越多地受到油藏管理工作者的关注。

Wang 等(2007)首次将随机扰动近似(simultaneous perturbation stochastic approximation,SPSA)算法引入到油藏生产优化中,Bangerth 等(2006)还将其应用到井位优化等领域。作为一种有效的梯度近似算法,SPSA 算法可对控制变量进行同步扰动来获得搜索方向,其计算简便,每个迭代步仅需对目标函数进行计算,不需要梯度的求解,易于和各种商业化模拟器相结合,因此,该方法可被认为是一种无(免)梯度(derivative free)求解方法,且其搜索方向恒为上山方向,保证了算法的收敛性(Spall,1992)。在 Wang 等(2007)测试实例中,SPSA 算法优化得到了和梯度类方法相同的经济开发效益,但计算效率要低于梯度类方法。

集合优化算法(ensemble-based optimization,EnOpt)是由 Chen 等(2009a)提出的另一种用于解决油藏生产优化问题的无梯度优化方法。但该方法的一些基本思想最早出现在 Nwaozo(2006)、Lorentzen 等(2006)以及 Wang 等(2009,2007)的研究中,后又经过 Chen 等(2009b)的系统改进和发展,使该方法成为目前被普遍采用的一种有效的无梯度油藏生产优化方法。在 EnOpt 算法中,要求生成多个控制变量的实现并利用油藏模拟技术计算这些实现对应的目标函数值,通过求取各实现与目标函数之间的敏感矩阵来确定搜索方向。因此,EnOpt 算法的计算代价要明显大于梯度类求解方法。但在实际生产优化中,如果同时考虑油藏模型的不确定性,进行基于多油藏模型的鲁棒优化(robust optimization)(Chen et al.,2011;van Essen. et al.,2009),一些研究实例结果表明该方法计算效率相比梯度法而言,表现出了极大的竞争性,且其获得的优化方案易于现场实际操作应用。可是,该方法所获得的搜索方向对于所优化的目标函数而言不能保证恒为上山方向,因此,其稳定性有待进一步研究。

单纯形梯度算法(simplex gradient method)(Bortz et al.,1998)最早是在 1998 年由 Bortz 和 Kelley 提出的一种多维参数优化算法,是将单纯形梯度信息作为优化算法的搜索方向(Custódio et al.,2010;Custódio et al.,2007;Kelley ,1999)。为获得单纯形梯度,需生成一系列不同的控制变量向量来预测一组目标函数值,即构造一个"单纯形",求解过程需要对矩阵进行奇异值分解计算。基于单纯形梯度算法的运算效率取决于用于单纯形梯度计算的控制变量向量的个数。Custódio 等(2007)将单纯形梯度与模矢搜索算法结合形成单纯型模矢算法(pattern search method guided by simplex derivatives,SID-PSM),随后,赵辉(2011)将其应用在生产优化中,对算法进行了测试。研究结果表明,尽管 SID-PSM 收敛速度较快,但目标函数最终净现值仅略高于全局搜索粒子群算法,远差于 SPSA 与 EnOpt 等算法。

在国内,对油田优化领域研究开始于 20 世纪 80～90 年代,起步较晚,理论研究不够深入,多数方法只适合于静态优化,而无法对油藏进行动态最优控制。Lang 等(1983)首先将国外动态规划和全时步一次优化的方法用于求解生产过程的最优化问题的思想引入国内。此后,刘志斌(1993)、刘志斌等(1993)、张在旭(1998a,1998b)、胥泽银等(1999)分别应用最优化方法对油藏生产优化进行了细致的研究。到了 21 世纪,国内对油田开发生产优化的研究逐步深入,2002 年,刘昌贵(2002)建立了注气提高石油采收率的油藏生产最优控制模型,并对该数学模型进行了优化求解。张晓东(2008)利用离散极大值结合伴随方法对聚合物驱生产参数控制模型进行了求解,选取净现值作为目标函数,优化参数为聚合物的注入浓度及注入速度,得到的注入策略可以显著增加净现值及产油量。2009年,张凯等(2010)基于梯度类算法对水驱油藏生产优化进行研究,将编写的油藏全隐式黑油模拟与极大值原理求解方法紧密结合,采用伴随梯度方法对最优控制数学模型进行求解,并对油水井位进行了优化。赵辉(2011)、赵辉等(2011)将统计学里的鲁棒优化方法引入油藏生产优化,考虑了模型的不确定性,提高了优化结果的可靠性,并且对 SPSA 算法也进行了改进,通过引入控制变量协方差矩阵使其产生梯度更加光滑连续,提高了算法效率的同时也便于优化结果的实际应用。闫霞(2013)创建了基于随机梯度与有限差分相结合的一种梯度逼真优化方法——随机梯度有限差分算法(stochastic gradient finite-difference,SGFD),给出了相应的数学理论推导及判别标准,解决了随机近似梯度准确率低的问题,同时给出了逼真梯度的评价方法,为目前现有各种随机近似梯度算法的改进研究提供了一个新思路。

目前在生产优化中常用的无梯度类算法有

随机扰动近似梯度算法（simultaneous perturbation stochastic approximation）

集合优化算法（ensemble-based optimization method）

粒子群优化算法（particle swarm optimization）

单纯型模矢算法（pattern search method guided by simplex derivatives）

信赖域算法（new unconstrained optimization algorithm/quadratic model-based trust-region algorithm）

基于二次插值型的近似梯度算法（quadratic interpolation model-based algorithm guided by approximated gradient）

根据油藏开发生产的实际条件，一般需要对油藏生产优化问题进行约束优化求解，主要有罚函数法、拉格朗日函数法和投影梯度法。另外，基于单一油藏模型进行生产优化所得的控制方案不一定是最优的，甚至有可能会导致比常规开发方案更差的开发效果。为此，为了降低油藏生产优化结果的风险性，讨论了一种新的基于多油藏模型的生产优化策略——鲁棒优化（robust optimization）。

本书的第二章将较系统地介绍油藏开发生产优化的相关内容。

二、油藏自动历史拟合发展概况

油藏历史拟合作为油藏数值模拟过程中最为关键的一个环节，是一项极其重要的工作，是通过动态资料对油藏进行再认识的过程（陈兆芳等，2003）（图 1-6）。在油藏历史拟合过程中不断地调整模型参数，从而使计算获得的生产动态与油田实际动态趋于一致，拟合过程可以降低在油藏描述中的不确定性，从而保证油藏数值模拟再现油田开发全过程的正确性，提高对油层地下分布的认识，为后期开发方案预测提供基础。需要特别指出的是，油藏数值模拟历史拟合相比生产优化而言，需要进行调整的参数数目要远远大得多。同时，历史拟合是一个典型的不适定反问题，存在多解性。

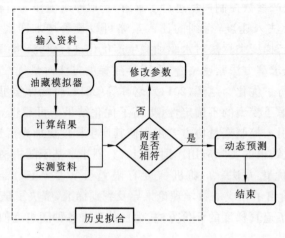

图 1-6　油藏历史拟合示意图

　　传统的历史拟合即人工历史拟合,油藏工程师根据有关资料(包括地质资料)和数据,结合经验,采用试错法(trial-and-erorr),人为地调整可调参数,力图达到历史拟合度量的目的。人工历史拟合一般准则是不存在的,完全依赖于油藏工程师经验、智慧等不确定因素,因此,参数调整具有很大的随意性和盲目性,导致历史拟合工作艰苦又烦琐。另外,拟合结果往往带有随机性,难以取得最好的结果。因此,将历史拟合转化为最优化问题,通过优化算法进行参数调整的油藏自动历史拟合的研究已经得到越来越多的关注。

　　近年,智能油田理论得到迅猛发展,智能油田具有实时性、高效性,这就要求历史拟合必须达到快速、精确,因此,自动历史拟合的研究又活跃起来。自动历史拟合克服了人工历史拟合的盲目性和随意性,利用最优化方法与油藏模拟器相结合自动修正模型参数,在节省大量时间和人工的同时提高了拟合的准确度。

　　自动历史拟合发展至今,已经历 50 年,在这样长的时间内,石油科技工作者和有关科技人员提出了许多研究成果,推动了石油工业向前发展。在 20 世纪 60～70 年代,自动历史拟合研究属于新颖的领域,方法的引入较为多样,但受油藏模拟器技术及算法理论的局限性,并未得到广泛的关注。到了 80～90 年代,随着自动历史拟合的研究日益深入,开始逐步实际应用。这个时期,主要研究的方向是梯度类算法和无梯度全局算法,两个方向所面临的瓶颈问题都无法适用于大规模的实际油藏问题。进入 21 世纪,梯度类算法得到了改进,伴随方法计算梯度结合 LBFGS 方法是目前求解历史拟合问题最高效的梯度类方法。同时,无梯度类算法也得到了很好的发展,随机扰动优化算法和集合类算法是目前研究的热点。在应用于实际油藏中往往计算代价太大,为了提高计算效率,参数降维策略也成为一类重要的研究方向。

　　梯度类方法需要对其目标函数的梯度或者 Hessian 矩阵进行求解。Yang 等(1987)采用拟牛顿(quasi-Newton)方法进行自动历史拟合,该方法基本思想是寻求二次近似,具有平方收敛的特性,但计算量较大,局限于一相或两相流的计算。Tan 等(1991)与 Kalogerakis 等(1995)利用高斯-牛顿(Gauss-Newton)方法,研制了具有历史拟合功能的三维三相、全隐式的数值模拟器,并测试了一些较为简单的油藏模型。因此,尽管该类算法具有较高收敛速度,但计算量及存储量非常大,对于实际油藏模型通常包括数以万计的未知参数,这使得关于梯度类算法的敏感性矩阵或 Hessian 矩阵的计算和存储是不切实际的。为了解决梯度类算法计算量和存储量大的问题,研究学者通常将梯度类算法结合伴随方法来计算历史拟合目标函数的梯度信息(Rodrigues,2006;Gao et al.,2006;Zhang et al.,2002)。Zhang 等(2002)采用伴随方法结合 LBFGS 方法进行油藏自动历史拟合研究,该方法仅仅储存上一个迭代步所计算的梯度和目标函数值,避免了储存 Hessian 阵,储存量较小,为大规模油藏应用提供了新的思路。Gao 等(2006)也对 LBFGS 算法进行了研究,并且改善了算法在油藏历史拟合问题中的性能。Zhang 等(2002)在对各种方法综合比较分析后,认为采用伴随方法计算梯度结合 LBFGS 方法是目前求解历史拟合问题最高效的梯度类方法。然而,伴随方法求解梯度的过程需要嵌入到自行编制或公开源代码的油藏数值模拟器之中,代码编写极其复杂,难以应用到各种商业模拟器中,可移植性差。因此,目前梯度类算法仅局限于利用自行编制或公开源代码的油藏模拟器进行较小规模的油藏历史拟合实例测试。

无梯度算法本质是通过构造近似梯度进行计算,它不需要计算伴随模式,算法的可移植性强,能够方便地结合各类油藏模拟器。对于无梯度全局算法,许多研究人员应用模拟退火算法(Vasco et al.,1997;Abdassah et al.,1996;Ouenes et al.,1994)、遗传算法(Romero et al.,2000;Sen et al.,1995)等全局优化算法对油藏历史拟合问题进行了研究,但测试实例结果显示,两种方法需要成千上万次模拟运算后才能收敛,因此,在处理大规模或者中等规模的自动历史拟合问题时,此类算法是不能满足模拟运算速度的要求的。

集合类算法采用基于统计方法获得的平均梯度来逼近真实梯度,计算代价与问题的维数无关,仅与所用的随机扰动个数或模型个数有关,因此,大大减小了问题的计算量。现在已应用到历史拟合中较为成功的方法有集合卡尔曼滤波方法(ensemble Kalman filter,EnKF)(Aanonsen et al.,2009)。集合卡尔曼滤波方法是20世纪90年代中期提出的一种数据同化方法,广泛应用于天气气象预测及海洋动力学中,Naevdal等(2002)将其引入油藏历史拟合领域。EnKF方法能够持续、实时、快速地吸收动态观测数据,一旦监测到实时观测值,即可对其同化吸收,可缩短计算周期,适用于求解存在实时动态观测数据情况下的历史拟合问题,可以进行实时优化。Reynolds等(2006)证明当使用相同的平均敏感性矩阵时,集合卡尔曼滤波的数据同化过程类似于进行高斯-牛顿方法的一次完整迭代,其中,平均敏感性矩阵是根据从上一时间步一组同化数据生成的预测数据计算得到的。由于EnKF方法研究时间较短,在应用过程中难免发现方法本身存在的一些问题,例如,可能产生滤波发散等问题,但由于它具有很多独有优势及巨大的应用潜力,国际上对其研究急速增加,给出了不少改进方法。Li等(2009)、Reynolds等(2006)利用高斯-牛顿方法和集合卡尔曼滤波之间的关系,提出了不同的基于迭代集合卡尔曼滤波方法。在实际油藏历史拟合应用方面,有Emerick等(2012)、Evensen等(2007)及Haugen等(2006)对EnKF拟合方法进行了研究,获得了较好的拟合效果。2013年,为了解决EnKF在高非线性问题中的缺点,Emerick等(2012)提出了一种集合平滑多数据同化法(ensemble smoother with multiple data assimilation,ES-MDA),他们的研究结果表明,在相同的运算消耗下,ES-MDA得到的数据拟合效果要比EnKF好。

随机同步扰动近似梯度算法(simultaneous perturbation stochastic approximation,SPSA)由Gao等(2007)第一次将SPSA引入到自动历史拟合领域。实例测试中发现算法拟合效果较好,但收敛速度比较慢,而且由于SPSA算法没有考虑油藏模型参数之间的相关性,反演得到的油藏模型不符合油藏地质实际情况。针对这些缺陷,Li等(2011)对SPSA算法进行改进,将原来的扰动向量满足的伯努利分布改为高斯分布,在求解随机扰动梯度时引入了油藏模型变量协方差矩阵,使反演得到的模型更加符合油藏实际,同时加速了算法的收敛。

除了梯度类和无梯度类算法外,由于SPSA、EnKF等方法所要反演的模型网格参数通常以数十万计,直接对其优化是极其困难的,其计算代价在实际应用中是难以承受的,因此参数降维方法成为重要的研究方向。参数化方法即基于一组基向量,利用线性变换将原问题从高维空间映射到低维空间,并同时保留原问题的主要信息。常用参数化方法包括主成分分析(PCA)(Sarma et al.,2012)、K-L 分解(Reynolds et al.,1996)、离散余弦变换(DCT)(Jafarpour et al.,2008)等。通过参数降维,再结合 SPSA、EnKF 等方法在一定程度上可有效提高历史拟合的计算效率。另外,近几年人们提出了另外一种方法——模型降阶方法(reduced order modeling)。其基本思想是寻找一个小规模的降阶系统来代替原始大规模系统。在保证精度和稳定性的前提下,通过应用小规模系统代替原始大规模系统,可以降低系统分析的难度、降低系统的阶数、减少数据运算量,大幅度提高运算速度,缩短运算时间。将该方法应用到油藏自动历史拟合过程中,可以加快自动历史拟合的运行。

国内关于油藏自动历史拟合的研究方法,在 20 世纪 90 年代后期主要以牛顿类梯度算法及直接搜索方法为主。最早是在 1993 年,高惠民等(1993)在编制关于单井的三维三相黑油模拟器基础上,建立了自动历史拟合关于数据误差的最小二乘目标函数,应用 Powell 直接搜索算法及共轭梯度等算法对模型进行了求解。孟雅杰(1995)利用改进牛顿法算法进行了试井自动历史拟合。王曙光等(1998)采用 Nelder-Mead 单纯形直接搜索法对一个 1 注 4 采二维均质油藏模型进行自动历史拟合测试,通过对油井的压力及含水情况进行拟合,反求孔隙度场的平均值及各方向渗透率场的平均值,即拟合所反演的参数仅为 3 个。陈兆芳等(2003)利用渗流方程和油藏约束条件,将历史拟合转化为多维空间的函数极值问题,采用改进的共轭梯度法进行求解,所用的正向模拟器是基于 Ultra60 工作站自编软件。邓宝荣等(2003)开始利用商业化的黑油模型,构造最小二乘历史拟合目标函数,采用 Levenberg-Marquardt 梯度优化算法对其进行最优化求解,对一个均质情况不严重、构造简单、只含 3 口生产井的小油田进行了拟合压力与含水率数据,反演的参数有 7 个值,包括各方向渗透率平均值、孔隙度平均值、油的压缩系数等。因为牛顿类梯度算法存在计算量及存储量极大等问题,直接搜索方法速度又太慢,当时研究仅局限于均质模型、含有较少反演参数的历史拟合测试问题,离实际应用要求相差甚远。由于一时难以找到合适的方法应用于实际油藏历史拟合问题,国内在之后一段时间研究处于停滞状态。直到国外以集合 Kalman 滤波(EnKF)为代表的近似梯度方法的兴起,又重新带动了国内关于自动历史拟合方法的研究,不仅提出的历史拟合目标函数更加完善合理,同时近似梯度算法易于结合任何的商业化油藏模拟器,这对于数值模拟工作者来说更加方便,由此得到的优化结果也更加稳定准确,而且,算法计算代价与问题的维数无关,适合应用于实际大规模历史拟合问题。例如,闫霞等(2011)、王玉斗等(2011)、张巍等(2009)开始对 EnKF 方法进行历史拟合研究;赵辉(2011)对 SPSA 算法进行了研究。因此,相比较而言,国内对随机近似梯度算法的历史拟合研究才刚刚起步,前景广阔。

目前常用的算法有

参数变换法(parameterization method)

随机极大似然法(randomized maximum likelihood)

集合卡尔曼滤波法(ensemble Kalman filter)

集合平滑多数据同化法(ensemble smoother with multiple data assimilation)

本书的第三章将较系统地介绍油藏自动历史拟合的相关内容。

三、油藏闭环生产优化控制存在的问题及展望

　　根据国内外油藏开发管理技术的发展状况来看,油藏闭环生产优化管理由于能实时分析和利用生产动态数据、降低油藏开发的不确定性和风险性因素、提高油田开发效果的特点,引起了油藏开发工作者越来越多的关注。但目前该技术研究仍处于起步阶段,存在着一些问题尚待解决,尚无一种稳健、快速的优化算法和油藏模拟技术相匹配来求解大规模油藏优化问题,其实用性仍无法满足实际油田开发的要求。同时,该技术目前主要局限于水驱油藏的优化管理,对于在三次采油技术等方面应用研究较少,因此,油藏闭环生产优化理论研究是一项新兴的、前瞻性的研究方向,该方向的研究对于实现油气田工程的信息化和智能化,提高油藏经营管理水平,具有重要理论意义和实用价值。

　　综合分析目前的研究工作,国内外石油工作者在油藏开发闭环生产优化理论研究和算法方面做了大量卓有成效的工作,取得了很多重要成果,但目前研究仍存在以下几个方面的问题。

　　(1)基于伴随模式的梯度类求解方法尽管计算效率高,但程序实现困难、移植性差,受制于油藏模拟器的限制,难以满足实际油藏闭环生产优化的要求,因此,需要进行更为有效的无梯度优化算法的研究。

　　(2)对于油藏生产优化过程中的线性和非线性约束等问题涉及的研究较少,仍需进行更为细致深入的探讨。

　　(3)研究时,对算法的选取单一,每个算法都有本身的优缺点,可以考虑充分利用每种算法的优势,多算法结合的方式进行求解,研究多种优化机制相结合的混合优化方法。

　　(4)油藏历史拟合问题通常为大规模反问题的求解,因此,有必要在满足求解精度和拟合效果的条件下,研究更为有效的参数降维处理方法,以提高历史拟合的计算效率。

　　(5)尽管油藏闭环生产优化的两个阶段均属于最优化问题,但尚无一种有效的算法可以将自动历史拟合和油田开发生产优化合理地结合。

　　(6)现有的注采结构优化技术主要是以传统数值模拟方法为基础,由此所建立的模型反演和注采参数优化方法,计算复杂、运算量大,很难实现生产动态的快速拟合和注采方案的实时优化,无法满足诸如缝洞型油藏等复杂油藏的注采优化应用要求。实现油藏开发注采结构快速高效的优化,数值模拟模型是基础,目前,还缺少针对缝洞型油藏能够在极强非均质性地层条件下,描绘油水动态、考虑复杂生产情况、提高注采结构优化速度的简化表征模型。

　　井间连通性和结构关系是注水开发优化设计的基础。连通性模型方法为建立油藏生产优化替代模型提供了新的思路,但当前连通性模型过于简化,很难考虑关停井或转注等复杂生产状况,无法准确反映油水流动规律,因此,有必要从井间连通关系入手研究更为准确高效的缝洞型油藏动态预测模型,结合优化控制算法实现注采结构的快速优化。

　　(7)油藏闭环生产优化多在计算环境优良的条件下进行理论研究,离实际油藏应用存在较大差距。要注重具有发展前景的方法研究,更应注重拓宽这些算法在实际复杂和

大规模油藏应用领域的应用潜力,有必要考虑开发一套综合标准化优化拟合应用软件或商业化软件包。

(8) 无论是梯度类算法还是无梯度类算法,它们都需要反复运算模拟器,有时要成百上千次才能够收敛。油藏模型的网格数越多,需要求解的方程数量也越多,所需的计算代价较大,这也成为油藏生产优化难以实际应用的一个重要瓶颈。因此,进一步提高油藏模拟器计算效率是非常必要的。模型降阶技术可实现对油藏数学模型的规模进行有效的降阶处理,减少油藏模型的维数,在保证精度和稳定性的前提下,大幅度提高运算速度,缩短运算时间,进而缩短决策时间。

概括地说,未来,油藏闭环生产优化控制理论与技术研究的重点将是算法和油藏模拟技术的研究两个方面。算法方面——改进现有算法并利用各算法的优势,研究多种优化机制相结合的混合优化方法,或者寻找出一种更为稳定、高效、适用性强的新算法;油藏模拟技术方面——对传统数值模拟技术进行丰富和升级,使其能适应缝洞等复杂、大型油藏,发展和利用降维、降阶技术,提高模拟器运行速度。

油藏闭环生产优化理论研究是一项新兴的、前瞻性的研究方向,该方向的研究对于实现油气田工程的信息化和智能化,提高油藏经营管理水平,具有重要理论意义和实用价值。同时,由于油藏闭环生产优化理论研究的复杂性,从事这一研究具有极大的挑战性,研究人员不仅需要具有非常优秀的专业素养,也应该具备开阔的视野。

第四节　本　章　小　结

油田开发的智能化是未来油田发展的必然趋势,智能油田系统理念应运而生。本章主要介绍了智能油田提出的背景及应用现状,着重介绍了油藏闭环生产优化管理技术发展历程及研究现状。

油藏闭环生产优化管理技术的实现涵盖油藏生产控制优化和自动历史拟合两大方面,它是以油藏生产系统整体作为研究对象,基于最优化理论,结合油藏数值模拟技术实现历史拟合—生产优化两过程闭环。该方法能将油藏工程师的精力从人工拟合与方案制定当中解放出来,并更多地投入到决策环节,对于提高油田管理水平、减本增效具有重要意义。

第二章　油藏开发生产控制优化方法

油藏系统是一个类似黑箱的复杂动态系统,不同的生产制度的输入会产生不同结果的输出,如何确定最优的生产制度来使油田开发达到更好的效果,是油藏工程人员迫切关心的问题。本章就此阐述了基于油藏数值模拟技术的油藏生产开发最优控制方法。此方法建立了描述该系统的最优控制数学模型,将油藏开发效果转化为一个可以量化的指标,如经济效益、累积产油量等,从而使油藏生产优化研究转变成典型的最优化问题。

鉴于伴随梯度类算法求解该优化问题的局限性,本章主要介绍了几种在油藏工程领域用到的无梯度类优化算法(derivative free optimization),其中包括一种新的基于插值二次模型的无梯度优化算法:QIM-AG算法,通过与其他无梯度算法进行实例计算分析,显示该算法收敛速度快、计算效率高,优化得到的最优控制有效地改善了开发效果,且便于现场实际操作。

同时,基于QIM-AG算法还进行了约束生产优化和鲁棒生产优化等研究,为实际油藏开发生产优化问题的应用以及整个油藏闭环生产优化的实施提供了理论支持。

第一节　最优控制理论与优化方法

一、最优控制理论

最优化方法(也称为运筹学方法)是近几十年形成的,它主要运用数学方法研究各种系统的优化途径及方案,为决策者提供科学决策的依据。最优化方法的主要研究对象是各种有组织系统的管理问题及其生产经营活动。最优化方法的目的在于针对所研究的系统,求得一个合理运用人力、物力和财力的最佳方案,发挥和提高系统的效能及效益,最终达到系统的最优目标。实践表明,随着科学技术的日益进步和生产经营的逐步发展,最优化方法已成为现代管理科学的重要理论基础和不可或缺的手段,被人们广泛地应用到公共管理、经济管理、国防等各个领域,发挥着越来越重要的作用。

从数学意义上说,最优化方法是一种求极值的方法,就是在一组约束为等式或不等式的条件下,使系统的目标函数达到极值,即最大值或最小值。从经济意义上说,是在一定的人力、物力和财力资源条件下,使经济效果达到最大(如产值、利润),或者在完成规定的生产或经济任务下,使投入的人力、物力和财力等资源为最少。

（一）最优化问题的基本要素

最优化模型一般包括变量、约束条件和目标函数三要素，具体如下：

（1）变量：指最优化问题中待确定的某些量，变量可用 $x=[x_1,x_2,\cdots,x_n]^{\mathrm{T}}$ 来表示。

（2）约束条件：指在求最优解时对变量的某些限制，包括技术上的约束、资源上的约束和时间上的约束等，列出的约束条件越接近实际系统，则所求得的系统最优解也就越接近实际最优解，约束条件可用 $g_i(x)\leqslant 0(i=1,2,\cdots,m)$，$m$ 表示约束条件个数。

（3）目标函数：最优化有一定的评价标准，目标函数就是这种标准的数学描述，一般可用 $f(x)$ 来表示，即 $f(x)=f(x_1,x_2,\cdots,x_n)$，要求目标函数为最大时可写成 $\max_{x\in D}f(x)$，要求最小时则可写成 $\min_{x\in D}f(x)$，目标函数可以是系统功能的函数或费用的函数，它必须在满足规定的约束条件下达到最大或最小。

最优化问题根据其中的变量、约束、目标、问题性质、时间因素和函数关系等不同情况，可分成多种类型，见表 2-1。

表 2-1　最优化问题分类表

分类标志	变量个数	变量性质	约束情况	极值个数	目标个数	函数关系	问题性质	时间
类型	单变量	连续	无约束	单峰	单目标	线性	确定性	静态
	多变量	离散	有约束	多峰	多目标	非线性	随机性	动态
		函数					模糊性	

因此，最优化问题可以描述成：寻找使目标函数取得极值且自身满足约束条件的一组控制变量。

（二）最优化方法的应用

最优化一般可以分为最优设计、最优计划、最优管理和最优控制四个方面。

1. 最优设计

世界各国工程技术界，尤其是飞机、造船、机械、建筑等部门都已将最优化方法广泛应用于设计中，从各种设计参数的优选到最佳结构形状的选取等，结合有限元方法已使许多设计优化问题得到解决。一个新的发展动向是最优设计和计算机辅助设计相结合。电子线路的最优设计是另一个应用最优化方法的重要领域。配方配比的优选方面在化工、橡胶、塑料等工业部门都得到了成功的应用，并向计算机辅助搜索最佳配方、配比方向发展。

2. 最优计划

现代国民经济或部门经济的计划，直至企业的发展规划和年度生产计划，尤其是农业规划、种植计划、能源规划和其他资源、环境和生态规划的制订，都已开始应用最优化方法。一个重要的发展趋势就是帮助领导部门辅助进行各种优化决策。

3. 最优管理

一般在日常生产计划的制订、调度和运行中都可应用最优化方法。随着管理信息系统和决策支持系统的建立和使用,使最优管理得到迅速的发展。

4. 最优控制

主要用于对各种控制系统的优化。例如,导弹系统的最优控制,能保证用最少燃料完成飞行任务,用最短时间到达目标;再如,飞机、船舶、电力系统等的最优控制,化工、冶金等工厂的最佳工况的控制。计算机接口装置不断完善和优化方法的进一步发展,还为计算机在线生产控制创造了有利条件。最优控制的对象也将从对机械、电气、化工等硬系统的控制转向对生态、环境以至社会经济系统的控制。

二、最优化方法

针对不同类型的最优化问题可以有不同的最优化方法进行求解,即使同一类型的问题也可有多种最优化方法。反之,某些最优化方法可适用于不同类型的模型。一般来说,最优化问题的求解方法可以分为间接法和直接法两大类。

(1)间接法:也称解析法,这种方法只适用于目标函数和约束条件有明显的解析表达式的情况,求解方法是:先求出最优的必要条件,得到一组方程或不等式,再求解这组方程或不等式。一般是用求导数的方法或变分法求出必要条件,通过必要条件将问题简化。

(2)直接法:当目标函数较为复杂或者不能用变量函数描述时,无法用解析法求必要条件,此时可采用直接搜索的方法经过若干次迭代搜索到最优点,这种方法常常根据经验或通过试验得到所需结果,对于一维搜索(单变量极值问题),主要用消去法或多项式插值法,对于多维搜索问题(多变量极值问题)主要应用爬山法。

数值计算法:这种方法也是一种直接法,它以梯度法为基础,所以是一种解析与数值计算相结合的方法。

另外,还有一些其他方法,例如网络最优化方法等。

第二节　油藏生产中的最优控制模型

油藏动态实时优化属于最优控制问题,这个问题主要是从经济角度出发,通过对油藏的生产方案进行优化,提高生产区块的生产能力和油藏的采收率,最大化生产的净现值。下面,首先对这类问题的一般形式进行详细的介绍。

一、最优控制模型的一般形式

设最优控制的性能指标为

$$\max P = \int_{t_1}^{t_2} F(\boldsymbol{x}, \boldsymbol{u}, t) \mathrm{d}t \tag{2-1}$$

式中：$F(\boldsymbol{x}, \boldsymbol{u}, t)$ 为折算现金流量。油藏生产最优控制的性能指标为净现值，需要求取极大值。

采用上述表达式，最优控制模型可以简单地表示为

$$\text{s. t.}$$
$$C(\boldsymbol{x}, \boldsymbol{u}) = 0$$
$$g(\boldsymbol{x}, \boldsymbol{u}) = 0 \tag{2-2}$$
$$\boldsymbol{\alpha} < \boldsymbol{u}(t) < \boldsymbol{\beta}$$

式中：$\boldsymbol{x}$ 为状态向量，是描述模型的一些状态分布参数，是时间和空间的函数；$\boldsymbol{u}$ 为控制向量；$C(\boldsymbol{x}, \boldsymbol{u})$ 为状态方程；$g(\boldsymbol{x}, \boldsymbol{u})$ 为非线性约束条件；$\boldsymbol{\alpha}, \boldsymbol{\beta}$ 为控制向量 $\boldsymbol{u}(t)$ 所应当满足的上下限约束。

满足式(2-2)中的约束条件的所有 $\boldsymbol{u}$，即为 $\boldsymbol{u}$ 的可行域，记为 D。简单来说，最优控制问题就是指，在可行域内 $\boldsymbol{u} \in D$ 中，求取使性能指标 P 取得最大值的最优控制 $\boldsymbol{u}$ 及相应的最优状态 $\boldsymbol{u}$。在一般模型的基础上，可以结合不同类型的优化问题定制相应的优化控制模型。

在工程上常用净现值(net present value, NPV)的方法来对项目做动态经济评价，一个建设项目的净现值是指，在整个建设和生产服务年限内各时间段的净现金流量按照设定的折现率折成现值后求和所得到的值。

净现值的表达式为

$$V = \int_{t_0}^{t_f} \left[C_{\text{in}}(t) - C_{\text{out}}(t) \right] (1 + e)^{-t} \mathrm{d}t \tag{2-3}$$

式中：V 为生产净现值；t_0, t_f 为项目实施的开始时间，结束时间，a；$C_{\text{in}}(t)$ 为 t 时刻的现金流入量(主要指销售收入)；$C_{\text{out}}(t)$ 为 t 时刻的现金流出量(主要指投资、成本及销售税金)；e 为折现率。

式(2-3)中，$(1 + e)^{-t}$ 为折现系数，把未来金额按照一定的折现率折算为现值的过程称为折现，也称为贴现。$C_{\text{in}}(t) - C_{\text{out}}(t)$ 表示 t 时刻的净现金流量，积分号内为现金流量的现在值，通常称为折算现金流量。

用净现值分析开发方案时，净现值越大，项目的经济效益越好。只有当 NPV $\geqslant 0$ 时，开发方案才是可以接受的。净现值法的主要优点是考虑了资金的时间因素，并且考虑了项目在整个计算期内的经济状况。此外，它直接以金额表示项目的收益情况，比较直观。该方法的不足之处是，它不能反映项目投资的相对经济效果，而且折现率的确定往往是一个比较复杂和困难的问题。

油藏开发是动态的长期过程，且开发的主要目的是获取最大利润，因此，可以用生产期内净现值最大化作为优化的性能指标。

二、油藏动态实时优化最优控制模型

油藏生产优化是通过优化油藏区块内油水井的产出和注入参数（如井底流压、油水井流量等）来实现开发效益的最大化。要优化该问题，必须要根据实际情况建立性能指标函数，不同的性能指标会得到不同的最优控制结果。随着油田含水量的不断上升，生产成本逐渐增高，经济效益日益减少，需要对生产过程中的开发方案进行优化，在尽量减少生产成本的前提下，减缓水的指进，增大原油的采出，提高油藏生产区块的控水稳油效果。

以三维三相油藏模拟器来描述油藏开发生产系统，如图 2-1 以生产期内经济 NPV 作为性能指标函数来评价注水开发的经济效益，其表达式为

$$J(\boldsymbol{u}) = \sum_{n=1}^{L}\left[\sum_{j=1}^{N_{\mathrm{P}}}(r_{\mathrm{o}}q_{\mathrm{o},j}^{n} - r_{\mathrm{w}}q_{\mathrm{w},j}^{n}) - \sum_{i=1}^{N_{\mathrm{I}}}r_{\mathrm{wt}}q_{\mathrm{wi},i}^{n}\right]\frac{\Delta t^{n}}{(1+b)^{t^{n}}} \tag{2-4}$$

式中：J 为待优化性能指标函数；L 为总控制时间步（control steps）；N_{P}，N_{I} 分别为总生产井数，总注水井数；r_{o}，r_{w}，r_{wi} 分别为原油价格，产水成本价格，注水价格，\$ /STB；$q_{\mathrm{o},j}^{n}$，$q_{\mathrm{w},j}^{n}$，$q_{\mathrm{wi},i}^{n}$ 分别为第 j 口生产井 n 时刻的平均产油速度，第 j 口生产井 n 时刻的平均产水速度，第 i 口注水井 n 时刻的平均注水量，STB/d；b 为平均年利率，％；Δt^{n} 为 n 时刻模拟计算时间步，d；t^{n} 为 n 时刻累积计算时间，a ；$\boldsymbol{u}$ 为 N_{u} 维控制变量向量。

控制变量 $\boldsymbol{u}$ 的元素为各井在每个控制时间步上的工作制度（如井底流压、流量等），显然，N_{u} 为调控井数与总控制时间步 L 的乘积。假设有 2 口油井每半年调控一次产液量，初始产液量为 100 STB/d，总调控步数为 10，则初始控制变量 $\boldsymbol{u} = (100,100,\cdots,100)^{\mathrm{T}}$，$N_{u} = 20$。

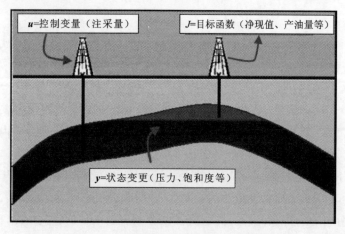

图 2-1　油藏中的最优控制模型示意图

在给定初始地质模型条件下，输入控制变量 $\boldsymbol{u}$ 经过油藏数值模拟计算即可求得相应的净现值 J。但在 J 计算中，产油速度 $q_{\mathrm{o},j}^{n}$ 和产水速度 $q_{\mathrm{w},j}^{n}$ 也同时与油藏的状态变量（如压力和饱和度等）有关。因此，J 可以被看成是控制变量 $\boldsymbol{u}$，状态变量 $\boldsymbol{y}$ 和初始地质模型 $\boldsymbol{m}$ 的函数，即

$$J = J(\boldsymbol{u}, \boldsymbol{y}, \boldsymbol{m}) \tag{2-5}$$

式中：m 可看成是由油藏模型网格地质参数（如孔隙度、渗透率等）组成的向量，y 是由模型网格状态参数（如压力、饱和度等）组成的向量。在油藏生产优化中只有与井相关的控制变量 u 可以被操作，而油藏系统中状态变量 y 则不能直接控制，但是控制变量作为外部因素通过状态变量影响油藏生产系统的运行状态，进而达到影响性能指标 J 的结果。此外，在实际生产中对井的操作要实施一定的限制，即控制变量要满足一定的约束条件，其主要是线性或非线性的，包括等式、不等式以及边界约束等。典型的等式约束，如区块整体产液量或者注入量，为一定值；不等式约束通常要求区块的产液量和注入量要受到油田设备的工作能力的限制。边界约束是最常见的约束形式，主要针对单井的生产界限，对于油水井流量控制，其下边界通常设为 0，即关井；对于油井井底流压（BHP）控制，压力下边界一般高于泡点压力或者设定某一合适的值来抑制底水的锥进，对于水井井底压力，其上边界一般要低于地层的破裂压力。

根据上述性能指标函数和约束条件，建立如下油藏生产最优控制数学模型：

$$\max J = J(\boldsymbol{u}, \boldsymbol{y}, \boldsymbol{m}) \tag{2-6}$$

s. t.

$$e_i(\boldsymbol{u}, \boldsymbol{y}, \boldsymbol{m}) = 0 \quad (i = 1, 2, \cdots, n_e) \tag{2-7}$$

$$c_j(\boldsymbol{u}, \boldsymbol{y}, \boldsymbol{m}) \leqslant 0 \quad (j = 1, 2, \cdots, n_c) \tag{2-8}$$

$$\boldsymbol{u}_k^{\text{low}} \leqslant \boldsymbol{u}_k \leqslant \boldsymbol{u}_k^{\text{up}} \quad (k = 1, 2, \cdots, N_u) \tag{2-9}$$

式中：$\boldsymbol{u}_k^{\text{low}}$ 为第 k 个控制变量 $\boldsymbol{u}_k$ 的上边界；$\boldsymbol{u}_k^{\text{up}}$ 为第 k 个控制变量 $\boldsymbol{u}_k$ 的下边界；$e_i(\boldsymbol{u}, \boldsymbol{y}, \boldsymbol{m})$ 为等式约束条件；$c_j(\boldsymbol{u}, \boldsymbol{y}, \boldsymbol{m}) < 0$ 为不等式约束条件。

可见，对于油藏生产优化问题而言，就是在控制变量满足各种约束的条件下，求取性能指标 J 的最大值及相应的最优控制变量 $\boldsymbol{u}^*$。

第三节　油藏生产最优控制模型的求解

在建立了油藏生产最优控制的模型之后，接下来要探讨的问题是如何高效而准确地寻找这个最优控制模型的最优解。

一、油藏最优控制优化算法

根据最优化原理（袁亚湘等，1999）可知，沿着性能指标函数 J 对 $\boldsymbol{u}$ 的梯度方向进行迭代搜索计算，便可求得 J 的局部极大值及相应的最优控制 $\boldsymbol{u}^*$。但是在油藏问题中，J 计算公式中是不显含 $\boldsymbol{u}$ 的，因此，很难通过解析方法获得真正的梯度。

（一）梯度类优化算法

对于目前大多控制系统的优化问题，基于离散极大值原理，采用伴随方法求解梯度是一种行之有效的方法（Wang et al.，2007；Sarma et al.，2006；de Montleau et al.，2006；

Sarma et al.,2005；Asheim,1988；Asheim,1986）。国内外学者（张凯等,2010；刘昌贵, 2002）也对采用伴随方法求解油藏生产优化问题进行了细致而深入的研究,并给出了梯度求解的详细推导过程。然而,伴随梯度的运算极其复杂,再与油藏数值模拟计算相结合, 其复杂程度进一步加深,这也是这种方法没有在石油行业得到广泛推广的最为直接的原因。伴随方法流程如图 2-2 所示。

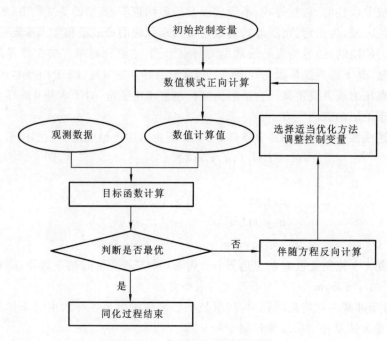

图 2-2　伴随方法流程示意图

除去采用伴随方法计算梯度外,最简单的处理就是采用有限差分数值计算去逼近所需要的梯度,此算法是通过对每一个控制变量进行单独扰动,再计算目标函数的差分来获得目标函数对该变量的梯度。

对于 N_u 维控制变量的问题,有限差分梯度（finite-difference gradient,FDG）（Wang et al.,2007）的计算公式如下：

$$\frac{\mathrm{d}J}{\mathrm{d}u_i} = \frac{J(\boldsymbol{u})\mid_{u_i+\delta u_i} - J(\boldsymbol{u})\mid_{u_i}}{\delta u_i} \quad (i = 1,2,\cdots,N_u) \tag{2-10}$$

式(2-10)表示目标函数对第 i 个控制变量的梯度。

可以看到,每个迭代步至少需要 N_u 次油藏模拟计算,对于油藏模拟实际问题来说, 模拟的网格数量通常数以万计,完成一次油藏模拟计算通常花费几小时甚至更长时间,因此,当控制变量 $\boldsymbol{u}$ 的维数 N_u 较高时,计算代价太大,无法进行实际应用。

（二）无梯度类优化算法

无梯度优化算法（Conn et al.,2009）能够克服上述两种梯度类方法的缺点,在计算过程中仅涉及目标函数 J 的计算,不需要真实梯度的求解,因此,该类算法计算简便、适用范围广,在优化界各领域,如人工智能、信息控制、投资决策及反问题求解等方面得到了广泛的应用和关注。但是这类算法没有利用函数的分析性质,其收敛速度一般较慢,因此,根据油藏生产优化问题的特点,对无梯度优化方法进行系统的研究是有必要的。

无梯度优化算法可大致分为三类:第一类是优化中通过集合求解获得近似梯度来作为搜索方向,SPSA算法、EnOpt算法以及 EnKF方法;第二类是通过建立插值逼近模型来代替原目标函数进行优化,优化中插值逼近模型可以采用传统的梯度类算法求解,例如,NEWUOA 和 Wedge 算法(Marazzi et al.,2002);第三类是启发式随机搜索算法,如模拟退火算法(SA)(Deutsch et al.,1994)、遗传算法(GA)(Romero et al.,2000)、粒子群优化算法(PSO)(Eberhart et al.,1995)等,其实是一种全局优化算法,由于要进行全局寻优,对于高维问题该类方法收敛速度较慢,往往需要成千上万次计算,其计算代价无法满足油藏自适应优化的应用要求。相比第三类算法,前两类方法只进行局部寻优,因此,具有更快的收敛速度,但计算效率仍远不如伴随梯度类算法。

Chen 等(2009a)、Chen 等(2009b)和 Wang 等(2007)分别应用SPSA算法和EnOpt算法对油藏生产优化问题进行了研究。除这两种优化方法之外,本节还将重点介绍以下三种无梯度算法:PSO 算法(Parsopoulos et al.,2002;Clerc et al.,2002;van den Bergh,2001;Eberhart et al.,1995;Kennedy et al.,1995)、SID-PSM 算法(Custsódio et al.,2008;Custsódio et al.,2007)以及 NEWUOA算法(Powell,2006;Powell,2004;Powell,2002)。这三种方法分别属于当前最优化领域中进化算法(evolutionary computation method)、直接搜索算法(direct search method)及基于插值模型的信赖域算法(Trust-region Interpolation-based method)中比较典型的优化方法(Conn et al.,2009)。与此同时,这里还提出了一种新的无梯度优化算法(QIM-AG 算法),该方法与 NEWUOA 算法类似,均属于基于插值模型的信赖域算法。最后,通过两个油藏实例计算,对比分析了上述各无梯度优化算法解决油藏生产优化问题的应用效果及其计算效率。

二、随机扰动近似梯度算法

标准的 SPSA 算法(simultaneous perturbation stochastic approximation)(Spall,2000,1998,1992)是一种与有限差分方法近似的扰动方法,最早是由 Spall 等(1992)在1992年提出的。SPSA 算法是通过对所有控制变量进行同步扰动来获得扰动梯度,计算过程中仅涉及性能指标函数的计算。尽管这里的扰动梯度是随机的,但是它能保证搜索方向对于最大化问题来说恒为上山方向,且期望值为真实梯度。

SPSA算法迭代优化过程如图 2-3 所示,考虑在第 l 个迭代步,目标函数 J 在 $\boldsymbol{u}_{\mathrm{opt}}^{l}$ 处的SPSA 梯度计算表达式为

$$\hat{g}^l(\boldsymbol{u}_{\text{opt}}^l) = \begin{bmatrix} \dfrac{J(\boldsymbol{u}_{\text{opt}}^l + \varepsilon_l\boldsymbol{\Delta}_l) - J(\boldsymbol{u}_{\text{opt}}^l)}{\varepsilon_l\boldsymbol{\Delta}_{l,1}} \\[3mm] \dfrac{J(\boldsymbol{u}_{\text{opt}}^l + \varepsilon_l\boldsymbol{\Delta}_l) - J(\boldsymbol{u}_{\text{opt}}^l)}{\varepsilon_l\boldsymbol{\Delta}_{l,2}} \\ \vdots \\ \dfrac{J(\boldsymbol{u}_{\text{opt}}^l + \varepsilon_l\boldsymbol{\Delta}_l) - J(\boldsymbol{u}_{\text{opt}}^l)}{\varepsilon_l\boldsymbol{\Delta}_{l,N_u}} \end{bmatrix} \qquad (2\text{-}11)$$

$$= \frac{J(\boldsymbol{u}_{\text{opt}}^l + \varepsilon_l\boldsymbol{\Delta}_l) - J(\boldsymbol{u}_{\text{opt}}^l)}{\varepsilon_l} \times \begin{bmatrix} \boldsymbol{\Delta}_{l,1}^{-1} \\ \boldsymbol{\Delta}_{l,2}^{-1} \\ \vdots \\ \boldsymbol{\Delta}_{l,N_u}^{-1} \end{bmatrix}$$

$$= \frac{J(\boldsymbol{u}_{\text{opt}}^l + \varepsilon_l\boldsymbol{\Delta}_l) - J(\boldsymbol{u}_{\text{opt}}^l)}{\varepsilon_l} \times \boldsymbol{\Delta}_l^{-1}$$

式中：$\boldsymbol{u}_{\text{opt}}^l$ 为在第 l 个迭代步所获得的最优控制变量；ε_l 为扰动步长；$\boldsymbol{\Delta}_l$ 为 N_u 维随机扰动向量，其中所包含元素 $\Delta_{l,i}$ $(i = 1,2,\cdots,N_u)$ 为服从参数，为 ± 1 的对称 Bernoulli 分布。

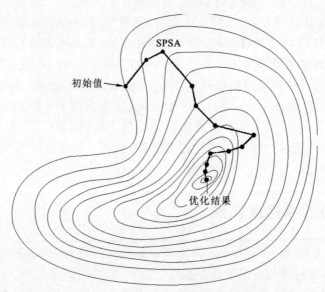

图 2-3 SPSA 算法示意图

因为 $\Delta_{l,i}$ 仅仅为 $+1$ 或者 -1，其概率分别为 50%，所以这里的 $\boldsymbol{\Delta}_l^{-1} = \boldsymbol{\Delta}_l$，此时，SPSA 扰动梯度可进一步表示为

$$\hat{g}^l(\boldsymbol{u}_{\text{opt}}^l) = \frac{J(\boldsymbol{u}_{\text{opt}}^l + \varepsilon_l\boldsymbol{\Delta}_l) - J(\boldsymbol{u}_{\text{opt}}^l)}{\varepsilon_l} \times \boldsymbol{\Delta}_l \qquad (2\text{-}12)$$

在获得随机扰动梯度后，即可采用迭代法进行优化求解，在第 $l+1$ 迭代步所获得的

控制变量为

$$\boldsymbol{u}_{\text{opt}}^{l+1} = \boldsymbol{u}_{\text{opt}}^{l} + \alpha_l \hat{g}^l(\boldsymbol{u}_{\text{opt}}^{l}) \tag{2-13}$$

式中：α_l 为搜索步长。使用式(2-13)更新控制变量，为了保证当 $l \to \infty$ 时，$\boldsymbol{u}_{\text{opt}}^{l}$ 能够收敛到局部最优解，Spall 等证明搜索步长 α_l 和扰动步长 ε_l 均需趋近于 0，且要满足如下条件：

$$\sum_{l=0}^{\infty} \alpha_l = \infty, \quad \sum_{l=0}^{\infty} \left(\frac{\alpha_l}{\varepsilon_l}\right)^2 = \infty \tag{2-14}$$

Spall 给出了满足上式的一种常用的选择：

$$\varepsilon_l = \frac{\varepsilon}{(l+1)^\gamma} \tag{2-15}$$

$$\alpha_l = \frac{\alpha}{(l+1+A)^a} \tag{2-16}$$

式中：$\varepsilon, \gamma, \alpha, a, A$ 等参数必须为正数。对于 a 和 γ 主要选用 Spall 等的推荐值，即 $a = 0.602$，$\gamma = 0.101$。其他参数的设置将在后面的具体算例中给出。

在实际应用中为了便于确定初始迭代步长，通常需要对搜索方向进行归一化处理，本书主要采用下式进行迭代求解：

$$\boldsymbol{u}_{\text{opt}}^{l+1} = \boldsymbol{u}_{\text{opt}}^{l} + \alpha_l \frac{\hat{g}^l(\boldsymbol{u}_{\text{opt}}^{l})}{\| \hat{g}^l(\boldsymbol{u}_{\text{opt}}^{l}) \|_{\infty}} \tag{2-17}$$

式中：$\| \cdot \|_{\infty}$ 为无穷范数。

Spall 等(1992)经过推导证明 SPSA 梯度对于目标函数来说搜索方向恒为上山方向，且其期望值为真实梯度，即 $E[\hat{g}^l(\boldsymbol{u}_{\text{opt}}^{l})] = \nabla J(\boldsymbol{u}_{\text{opt}}^{l})$。因此，为了更好地获得梯度估计，通常使用梯度的平均值作为搜索方向，再应用式(2-17)进行优化：

$$\overline{\hat{g}^l}(\boldsymbol{u}_{\text{opt}}^{l}) = \frac{1}{N_g} \sum_{j=1}^{N_g} \hat{g}_j^l(\boldsymbol{u}_{\text{opt}}^{l}) \tag{2-18}$$

式中：N_g 为生成的 SPSA 梯度样本个数。

实际油藏的油水井的工作制度往往在时间上具有一定相关性，而 Bernoulli 分布产生的随机样本数据均为 +1 或 -1，彼此间完全独立。因此，标准 SPSA 算法得到的优化结果通常波动性较强，不利于最优控制规律的分析和现场实际操作。Chen 等(2009a,b)在 EnOpt 算法中通过引入控制变量协方差矩阵，在一定程度上能够对搜索方向进行过滤和光滑化处理。本书将这种想法应用到 SPSA 算法中，基于控制变量协方差矩阵产生具有一定关联性的随机扰动向量来计算 SPSA 梯度，扰动向量 $\boldsymbol{\Delta}_l$ 变为

$$\boldsymbol{\Delta}_l = \boldsymbol{C}_U^{1/2} \boldsymbol{Z}_l \tag{2-19}$$

式中：$\boldsymbol{Z}_l$ 为服从标准正态分布的扰动向量，即 $\boldsymbol{Z}_l \sim N(0, \boldsymbol{I}_{N_u})$；$\boldsymbol{I}_{N_u}$ 为 N_u 维单位矩阵；$\boldsymbol{C}_U$ 为 N_u 维控制变量协方差矩阵；$\boldsymbol{C}_U^{1/2}$ 为 N_u 维下三角方阵，其由 Cholesky 分解方法获得，且满足 $\boldsymbol{C}_U^{1/2} \boldsymbol{C}_U^{T/2} = \boldsymbol{C}_U$。

由文献(Oliver et al., 2008)易知 $\boldsymbol{\Delta}_l$ 为服从多元高斯分布的扰动向量，即 $\boldsymbol{\Delta}_l \sim N(0, \boldsymbol{C}_U)$。关于控制变量协方差的定义，Wang 等(2007)最早使用了指数模型形式基于 EnKF 方法进行了生产优化研究，此外，还可采用球形模型和高斯模型(Oliver et al., 2008；Christalkos,

1992)。这些模型在一定程度上考虑了每口井在不同时间步上的控制变量的相关性,井与井之间控制变量的相关性则不予考虑。

考虑将 $J(\boldsymbol{u}_{\mathrm{opt}}^{l}+\varepsilon_{l}\boldsymbol{\Delta}_{l})$ 在 $\boldsymbol{u}_{\mathrm{opt}}^{l}$ 进行一阶泰勒式展开,可得

$$J(\boldsymbol{u}_{\mathrm{opt}}^{l}+\varepsilon_{l}\boldsymbol{\Delta}_{l}) = J(\boldsymbol{u}_{\mathrm{opt}}^{l}) + \varepsilon_{l}\boldsymbol{\Delta}_{l}^{\mathrm{T}}\boldsymbol{\nabla}J(\boldsymbol{u}_{\mathrm{opt}}^{l}) + J(\parallel\varepsilon_{l}\boldsymbol{\Delta}_{l}\parallel^{2}) \tag{2-20}$$

扰动步长 ε_{l} 一般取值非常小,第三项可以近似忽略。将式(2-20)代入式(2-12)所示 SPSA 梯度计算公式中,可得

$$\hat{g}^{l}(\boldsymbol{u}_{\mathrm{opt}}^{l}) = \boldsymbol{\Delta}_{l}\boldsymbol{\Delta}_{l}^{\mathrm{T}}\boldsymbol{\nabla}J(\boldsymbol{u}_{\mathrm{opt}}^{l}) = \boldsymbol{C}_{U}^{1/2}\boldsymbol{Z}_{l}\boldsymbol{Z}_{l}^{\mathrm{T}}\boldsymbol{C}_{U}^{\mathrm{T}/2}\boldsymbol{\nabla}J(\boldsymbol{u}_{\mathrm{opt}}^{l}) \tag{2-21}$$

则 $\hat{g}^{l}(\boldsymbol{u}_{\mathrm{opt}}^{l})$ 与真实梯度 $\boldsymbol{\nabla}J(\boldsymbol{u}_{\mathrm{opt}}^{l})$ 的乘积为

$$\hat{g}^{l}(\boldsymbol{u}_{\mathrm{opt}}^{l})^{\mathrm{T}}\boldsymbol{\nabla}J(\boldsymbol{u}_{\mathrm{opt}}^{l}) = [\boldsymbol{\Delta}_{l}^{\mathrm{T}}\boldsymbol{\nabla}J(\boldsymbol{u}_{\mathrm{opt}}^{l})]^{2} \geqslant 0 \tag{2-22}$$

另外,考虑 $\hat{g}^{l}(\boldsymbol{u}_{\mathrm{opt}}^{l})$ 的期望值,有

$$\begin{aligned} E[\hat{g}^{l}(\boldsymbol{u}_{\mathrm{opt}}^{l})] &= E[\boldsymbol{C}_{U}^{1/2}\boldsymbol{Z}_{l}\boldsymbol{Z}_{l}^{\mathrm{T}}\boldsymbol{C}_{U}^{\mathrm{T}/2}\boldsymbol{\nabla}J(\boldsymbol{u}_{\mathrm{opt}}^{l})] \\ &= \boldsymbol{C}_{U}^{1/2}E(\boldsymbol{Z}_{l}\boldsymbol{Z}_{l}^{\mathrm{T}})\boldsymbol{C}_{U}^{\mathrm{T}/2}\boldsymbol{\nabla}J(\boldsymbol{u}_{\mathrm{opt}}^{l}) \\ &= \boldsymbol{C}_{U}^{1/2}\boldsymbol{I}_{N_{u}}\boldsymbol{C}_{U}^{\mathrm{T}/2}\boldsymbol{\nabla}J(\boldsymbol{u}_{\mathrm{opt}}^{l}) = \boldsymbol{C}_{U}\boldsymbol{\nabla}J(\boldsymbol{u}_{\mathrm{opt}}^{l}) \end{aligned} \tag{2-23}$$

由式(2-22)和式(2-23)可知,当扰动步长 ε_{l} 足够小时,基于控制变量协方差矩阵计算得到的 SPSA 梯度仍为上山方向,且其期望值为协方差阵和真实梯度的乘积。因此,该梯度方向类似于将协方差阵作为 Hessian 逆矩阵的拟牛顿方向,且球形模型所建协方差阵恒为正定矩阵,保证了算法的收敛性。

关于协方差阵 $\boldsymbol{C}_{U}$ 的特征及作用,这里通过一个简单实例进行说明。如图 2-4 所示为后面二维多孔道油藏生产优化测试中两口油井(Pro1 和 Pro2)在各控制步上控制变量的有限差分梯度(可近似为真实梯度)。由自协方差(auto-covariance)函数计算模型(Oliver et al., 2008)即可求得某井各控制步上梯度间的协方差值(相关性),若 $\hat{\boldsymbol{z}} = [\hat{z}_{1},\hat{z}_{2},\cdots,\hat{z}_{L}]^{\mathrm{T}}$ 表示该井在 L 个控制步上的梯度,则自协方差 $\mathrm{Cov}(j)$ 为

$$\mathrm{Cov}(j) = \frac{1}{L-j-1}\sum_{i=1}^{L}(\hat{z}_{i}-\bar{\hat{z}})(\hat{z}_{i+i}-\bar{\hat{z}}) \tag{2-24}$$

式中:j 为控制步相关距离;$\bar{\hat{z}}$ 为 $\hat{z}$ 内梯度元素的均值。

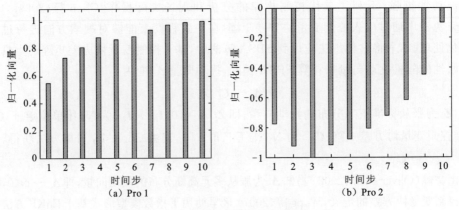

图 2-4　部分油井的有限差分梯度(归一化)

基于该模型分别计算所得两口油井各控制步上梯度间的协方差关系曲线如图 2-5 所示。可以看出，同一口井在各时间步上的梯度具有明显的相关性，且符合指数模型或者球形模型的特征。这里基于球形模型获得控制变量的协方差矩阵[式(2-55)]，生成具有一定关联性的高斯分布随机扰动向量来计算 SPSA 梯度，对于 Pro1 井所得计算结果如图 2-6(a) 所示。可见，与基于 Bernoulli 分布所得 SPSA 梯度相比[图 2-6(b)]，引入控制变量协方差矩阵后所得 SPSA 梯度与真实梯度更加接近，且更具连续性。一些测试研究显示，通过引入控制变量协方差矩阵，应用 SPSA 算法进行生产优化的计算效率得到明显提高，且优化所得最优控制更易于现场实际操作(Zhao et al.，2011)，因此，在后面的应用 SPSA 算法进行实例测试中，本书也主要考虑使用基于 $\boldsymbol{C}_U$ 的多元高斯型向量来计算扰动梯度。

(a) Pro 1　　(b) Pro 2

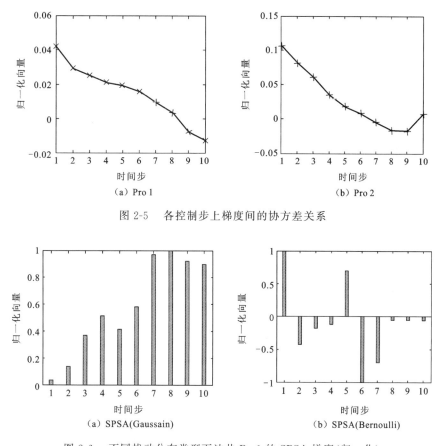

图 2-5　各控制步上梯度间的协方差关系

(a) SPSA(Gaussain)　　(b) SPSA(Bernoulli)

图 2-6　不同扰动分布类型下油井 Pro1 的 SPSA 梯度(归一化)

三、集合优化算法

EnOpt 算法最早是由 Chen 和 Oliver 所提出的，被普遍认为是一种极为有效的解决油藏生产优化问题的方法(Chen et al.，2009a，b)。该方法不仅可对单一油藏模型进行生产优化，同时还可基于多模型进行鲁棒生产优化(Chen et al.,2011;van Essen et al.,2009)。其基本求解过程:首先基于当前最优控制生成多个服从高斯型分布的控制向量,然后利用这些控制向量及其对应的目标函数值来获得目标函数 J 和控制变量 u 的相关关系(图 2-7),确定搜索方向,并通过迭代法对控制变量进行优化。

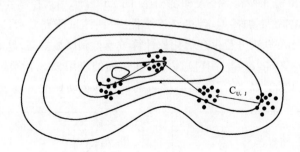

图 2-7　　EnOpt 算法示意图

设控制变量协方差矩阵为 C_U,参照式(2-19)生成符合均值为 u_{opt}^l、协方差为 C_U 的控制向量 $\hat{u}_j^l$ 为

$$\hat{u}_j^l = u_{\mathrm{opt}}^l + C_U^{1/2} Z_l \quad (j = 1, 2, \cdots, N_e) \tag{2-25}$$

则协方差矩阵 C_U 可近似表示为(Oliver et al.,2008),

$$C_U \approx \frac{1}{N_e - 1} \sum_{j=1}^{N_e} (\hat{u}_j^l - \overline{\hat{u}_j^l})(\hat{u}_j^l - \overline{\hat{u}_j^l})^{\mathrm{T}} \tag{2-26}$$

式中: $\overline{\hat{u}_j^l} = \frac{1}{N_e} \sum_{j=1}^{N_e} \hat{u}_j^l \approx u_{\mathrm{opt}}^l$。

目标函数 J 和控制变量 u 的相关矩阵可由下式计算获得

$$C_{U,J}^l = \frac{1}{N_e - 1} \sum_{j=1}^{N_e} (\hat{u}_j^l - \overline{\hat{u}_j^l})[J(\hat{u}_j^l) - \overline{J^l}]^{\mathrm{T}} \tag{2-27}$$

式中: $\overline{J^l} = \frac{1}{N_e} \sum_{j=1}^{N_e} J(\hat{u}_j^l)$。

Chen 等(2009a)在研究中考虑进行如下近似处理:

$$\overline{J^l} \approx J(\overline{\hat{u}_j^l}) \approx J(u_{\mathrm{opt}}^l) \tag{2-28}$$

$$J(\hat{u}_j^l) \approx J(u_{\mathrm{opt}}^l) + [\nabla J(u_{\mathrm{opt}}^l)]^{\mathrm{T}}(\hat{u}_j^l - u_{\mathrm{opt}}^l) \tag{2-29}$$

式(2-29)实则是目标函数 $J(\hat{u}_j^l)$ 在 u_{opt}^l 处的一阶泰勒展开式。将式(2-28)和式(2-29)代入式(2-27)中并基于式(2-26)可得 $C_{U,J}^l$ 为

$$C_{U,J}^l = \frac{1}{N_e - 1} \sum_{j=1}^{N_e} (\hat{u}_j^l - \overline{\hat{u}_j^l})(\hat{u}_j^l - \overline{\hat{u}_j^l})^{\mathrm{T}} \nabla J(u_{\mathrm{opt}}^l) \approx C_U \nabla J(u_{\mathrm{opt}}^l) \tag{2-30}$$

可见当 $N_e \to \infty$ 时, $C_{U,J}^l$ 可看作是控制变量协方差 C_U 与真实梯度的乘积,其搜索方向同样是将协方差阵作为 Hessian 逆矩阵的拟牛顿方向。在标准的 EnOpt 算法中,Chen 等

（2009a，b）也使用 $\boldsymbol{C}_U\boldsymbol{C}_{U,J}^l$ 来代替 $\boldsymbol{C}_{U,J}^l$ 作为实际搜索方向，使优化得到的控制变量更加光滑连续，便于现场实际操作。其迭代计算公式为

$$\boldsymbol{u}_{\text{opt}}^{l+1} = \boldsymbol{u}_{\text{opt}}^l + \alpha_l \boldsymbol{C}_U\boldsymbol{C}_{U,J}^l \tag{2-31}$$

类似于 SPSA 算法，本书主要采用归一化搜索方向进行迭代求解：

$$\boldsymbol{u}_{\text{opt}}^{l+1} = \boldsymbol{u}_{\text{opt}}^l + \alpha_l \frac{\boldsymbol{C}_U\boldsymbol{C}_{U,J}^l}{\parallel \boldsymbol{C}_U\boldsymbol{C}_{U,J}^l \parallel_\infty} \tag{2-32}$$

式中：α_l 为搜索步长，优化中采用简单的非精确线搜索方法来确定（Wang et al.，2007）。

四、粒子群优化算法

粒子群算法（particle swarm optimization，PSO）也称微粒群优化算法，它是近年来发展起来的一种新的进化算法，由 Eberhart 博士和 Kennedy 博士提出（Eberhart et al.，1995；Kennedy et al.，1995），该算法以其实现容易、收敛速度快等优点引起了学术界的重视。PSO 算法的基本思想是通过群体中个体之间的协作和信息共享来寻找最优解。与遗传算法相似，它也是从一组随机解出发，通过迭代寻找最优解，但 PSO 算法比遗传算法规则更为简单，没有遗传算法的"交叉"（crossover）和"变异"（mutation）等复杂操作，目前已广泛应用于函数优化、神经网络训练、模糊系统控制等领域。

PSO 算法源于对鸟群捕食的行为研究，每个优化问题的解都是搜索空间中的一只鸟，称为"粒子"。每个粒子表征了其在解空间中的位置，所有的粒子都有与之对应的目标函数值（或适应值）及飞行速度，粒子们通过追随当前的最优粒子在解空间中进行搜索。对于生产优化问题而言，这里的粒子则对应的是一个控制向量。PSO 算法首先初始化一组随机粒子，每个粒子在迭代中通过分享自己与群体间的飞行经验来更新自己的位置和速度（表 2-2）。

表 2-2　微粒群优化算法示意

PSO 算法	鸟类觅食
模型变量	单个鸟
粒子的搜索方向	鸟觅食的方向
局部最优解	单个鸟在觅食过程中最好的位置
全局最优解	所有的鸟在觅食过程中的最好位置

令 $\boldsymbol{u}_i^l$ 表示第 l 迭代步的第 i 个粒子的位置，在第 $l+1$ 迭代步，该粒子的位置更新为

$$\boldsymbol{u}_i^{l+1} = \boldsymbol{u}_i^l + \boldsymbol{v}_i^{l+1} \tag{2-33}$$

式中：$\boldsymbol{v}_i^{l+1}$ 表示为在 $l+1$ 迭代步的飞行速度。该速度实则为粒子的搜索（飞行）方向，可由下式计算获得：

$$\boldsymbol{u}_i^{l+1} = \omega\boldsymbol{v}_i^l + c_c r_c^l(\boldsymbol{u}_{ipb}^l - \boldsymbol{u}_i^l) + c_s r_s^l(\boldsymbol{u}_{gpb}^l - \boldsymbol{u}_i^l) \tag{2-34}$$

式中：$\boldsymbol{v}_i^l$ 为先前粒子的飞行速度；ω 为惯性权重；$\boldsymbol{u}_{ipb}^l$ 为粒子 i 本身经历过的最好位置；$\boldsymbol{u}_{gpb}^l$

为当前群体所有粒子所经历过的最好位置(对应着当前最优的目标函数值);c_c,c_s 为加速度常数;r_c^l,r_s^l 为在$[0,1]$ 范围内变化的随机数。

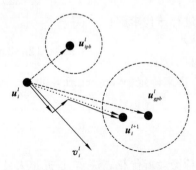

图 2-8   PSO 算法示意图

可见,该速度计算公式共包含了三项(图 2-8),第一项反映粒子飞行的惯性;第二项和第三项分别反映了粒子的"认知"性和"社会"性,表示粒子本身的思考以及粒子间信息的共享与合作。

在粒子群个数一定的情况下,参数 ω、c_c 和 c_s 的选择通常对于 PSO 算法的收敛性有着显著的影响。惯性权重 ω 使粒子保持运动惯性,使其具有扩展搜索空间的趋势,该值越小,使粒子探索新的区域的能力下降,易于陷入局部最优,而 ω 值越大,粒子全局搜索能力增强,但算法的收敛速度降低,因此,针对不同的优化问题,需要通过调整 ω 的取值来平衡 PSO 算法的全局和局部搜索性。

一种常用的做法是在优化早期使用较大的 ω 值来获得较高的搜索能力,而后逐步减小 ω 来加快算法的收敛速度。基于迭代次数线性减小 ω 是目前普遍采用的方法,Parsopoulos 等(2002)推荐 ω 初始值为 1.2 左右。加速常数 c_c 和 c_s 反映了每个粒子飞向 $\boldsymbol{u}_{ipb}^l$ 和 $\boldsymbol{u}_{gpb}^l$ 位置的加速项的权重,低的值允许粒子在被拉回之前可以在目标区域外徘徊,而高的值则导致微粒突然地冲向或越过目标区域,它们取值的大小在一定程度上会影响粒子的分散程度和多样性。在研究中,经过一些数值试验在后面的实例测试中,ω 初始取值均设定为 0.85,加速常数 c_c 和 c_s 分别设定为 0.5 和 1.6。

五、单纯型模矢算法优化算法

单纯型模矢算法(pattern search method guided by the simplex derivative)(Custsódio et al.,2008;Custsódio et al.,2007)是由 Custsódio 等于 2007 年提出的一种直接搜索算法,他们将单纯形梯度(simplex derivative,SID)嵌入到模矢算法(pattern search method,PSM)中,因此,该算法可被看成是一种改进 PSM 算法。

标准的 PSM 算法在每个迭代步按照先后次序进行随机搜索(search step)和序列搜索(poll step)两个过程(Audet et al.,2003;Kolda et al.,2003)。在随机搜索过程中,PSM 算法将主要从如下所谓 Mesh 集中进行有限次的随机抽样:

$$M^l = \{\boldsymbol{u}_{opt}^l + a_l \boldsymbol{B} \boldsymbol{z} : \boldsymbol{z} \in N_+^{N_B}\} \tag{2-35}$$

式中,M^l 为 Mesh 集,该集合可视为关于 $\boldsymbol{u}_{opt}^l$ 的一个正基(poised set),正基所具有的一个显著特征就是其中至少会存在一个向量是目标函数的上山方向;a_l 为 Mesh 步长;$\boldsymbol{B}$ 为 $N_u \times N_B$ 维矩阵,通常该矩阵选择$[-\boldsymbol{I}_{N_u} \quad \boldsymbol{I}_{N_u}]$ 或$[-\boldsymbol{e} \quad \boldsymbol{I}_{N_u}]$,其中,$\boldsymbol{e}$ 为 N_u 维向量,其中,元素均为 $+1$;$\boldsymbol{z}$ 为任意 N_B 维正整数向量。

经过有限次的随机抽样,也就是选定不同的向量 $\boldsymbol{z}$,如果该过程所得到的新的控制变量 $\boldsymbol{u}_{trial}^l$ 使目标函数增加,即满足 $J(\boldsymbol{u}_{trial}^l) > J(\boldsymbol{u}_{opt}^l)$,接收 $\boldsymbol{u}_{trial}^l$ 作为新的最优控制变量,并跳

过序列搜索过程,进入下一个迭代步,所需随机搜索次数可根据具体问题人为设定,否则,执行接下来的序列搜索过程,其计算公式为

$$\boldsymbol{u}_{\text{trial}}^l = \boldsymbol{u}_{\text{opt}}^l + a_l \boldsymbol{b}_i \quad (i = 1, 2, \cdots, N_B) \tag{2-36}$$

式中: $\boldsymbol{b}_i$ 为矩阵 $\boldsymbol{B}$ 的第 i 列向量。在标准的 PSM 算法中,将基于矩阵 $\boldsymbol{B}$ 的列向量利用式 (2-36) 进行逐一搜索(图 2-9),直到所得到的控制变量 $\boldsymbol{u}_{\text{trial}}^l$ 满足 $J(\boldsymbol{u}_{\text{trial}}^l) > J(\boldsymbol{u}_{\text{opt}}^l)$,此时设置 $\boldsymbol{u}_{\text{trial}}^l$ 为当前最优控制变量,并进入下一个迭代步,同时增大步长 a_l(通常放大 2 倍)。如果遍历所有矩阵 $\boldsymbol{B}$ 中的向量仍无法找到更优的控制变量使目标函数值增大,则缩小步长 a_l。值得注意的是,在每个迭代步序列搜索过程中不一定均从 $\boldsymbol{B}$ 中第一列向量开始,可在不同迭代步人为设定开始的列向量,常用的选择是从先前迭代步结束搜索时的列向量序号或下一个列向量序号开始搜索。进行序列搜索可以最终保证 PSM 算法的收敛性 (Audet et al.,2003;Kolda et al.,2003)。

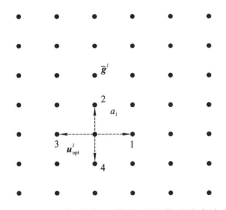

图 2-9　Mesh 集示意图(数字显示序列搜索次序)

　　SID-PSM 算法对 PSM 算法的改进主要体现在以下两方面:①SID-PSM 算法在优化过程中将尽量保存所计算过的控制向量及其目标函数,并将它们作为插值点用来构造插值二次型模型。当插值点数超过 $N_u + 2$ 时,SID-PSM 算法将按照类似 NEWUOA 构建插值二次型的方法来构造二次型,然后通过信赖域算法(孙清莹等,2009;时贞军等,2006;张光澄等,2005;Nocedal et al.,1999)优化该二次型来更新控制变量,从而取代随机搜索过程,这里的信赖域算法主要选取 Morè 等(1983)提出的方法(GQTPAR);② 在序列搜索阶段,SID-PSM 算法将根据向量 $\boldsymbol{b}_i$ 和单纯形梯度 $\overline{\boldsymbol{g}}^l$(Kelley,1999;Bortz et al.,1998)的夹角对矩阵 $\boldsymbol{B}$ 的列向量进行重新排序,夹角越小也就是与单纯形梯度 $\overline{\boldsymbol{g}}^l$ 方向越接近的列向量优先开始搜索,进行序列搜索的顺序如图 2-10 所示,图中数字显示了序列搜索的次序。

　　根据当前所保存的插值点 $\hat{\boldsymbol{u}}_i$ $(i = 1, 2, \cdots, N_i)$,单纯形梯度 $\overline{\boldsymbol{g}}^l$ 计算公式如下:

$$\overline{\boldsymbol{g}}^l = \delta \boldsymbol{U}^{-\text{T}} \delta \boldsymbol{J} \tag{2-37}$$

式中: $\delta \boldsymbol{U}$ 为 $N_u \times N_i$ 维矩阵, $\delta \boldsymbol{U} = [\hat{\boldsymbol{u}}_i - \boldsymbol{u}_{\text{opt}}^l, \cdots, \hat{\boldsymbol{u}}_{N_i} - \boldsymbol{u}_{\text{opt}}^l]$; $\delta \boldsymbol{J}$ 为 N_i 维列向量, $\delta \boldsymbol{J} = [J(\hat{\boldsymbol{u}}_1) - J(\boldsymbol{u}_{\text{opt}}^l), \cdots, J(\hat{\boldsymbol{u}}_{N_i}) - J(\boldsymbol{u}_{\text{opt}}^l)]$。关于矩阵 $\delta \boldsymbol{U}^{-\text{T}}$,主要采用奇异值分解法(Spall,2000;Nocedal et al.,1999)(singular value decomposition,SVD)进行计算,对于矩阵 $\delta \boldsymbol{U}$ 有

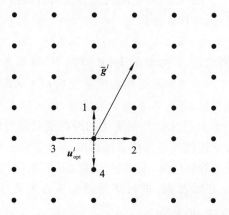

图 2-10   基于单纯形梯度的序列搜索示意图

$$\delta \boldsymbol{U} = \boldsymbol{U} \boldsymbol{\Sigma} \boldsymbol{V}^{\mathrm{T}} \tag{2-38}$$

则矩阵 $\delta \boldsymbol{U}^{-\mathrm{T}}$ 可最终表示为

$$\delta \boldsymbol{U}^{-\mathrm{T}} = \boldsymbol{U} \boldsymbol{\Sigma}^{-1} \boldsymbol{V}^{\mathrm{T}} \tag{2-39}$$

式中：$\boldsymbol{U} \in R^{N_u \times N_u}, \boldsymbol{\Sigma} \in R^{N_u \times N_u}, \boldsymbol{V} \in R^{N_u \times N_i}$；$\boldsymbol{\Sigma}$ 为对角阵，其对角元素被称为矩阵 $\delta \boldsymbol{U}$ 的奇异值。

值得注意的是，单纯形梯度和 EnOpt 方法的搜索方向存在一定的关系，如果这里的插值点 $\hat{\boldsymbol{u}}$ 对应于 EnOpt 中所使用的扰动控制向量，则有

$$\boldsymbol{C}_{U,J}^l = \frac{1}{N_e - 1} \delta \boldsymbol{U} \delta \boldsymbol{J} = \frac{1}{N_e - 1} \delta \boldsymbol{U} \delta \boldsymbol{U}^{\mathrm{T}} \bar{\boldsymbol{g}}^l = \boldsymbol{C}_U \bar{\boldsymbol{g}}^l \tag{2-40}$$

可见，EnOpt 的搜索方向实则是协方差阵 $\boldsymbol{C}_U$ 与单纯形梯度的乘积，当 EnOpt 中的扰动控制向量服从标准正态分布时，其搜索方向则恰好为单纯形梯度方向。

六、基于二次插值型的近似梯度算法

牛顿型方法是求解无约束优化问题最古老也是最有效的方法之一。它主要是通过优化原目标函数的二次逼近模型来进行逐次迭代，最终求得原问题的解。在每个迭代步，所建二次模型通常是根据目标函数在当前最优点处的二阶泰勒展开式来构建。因为二次型中包含了目标函数的真实的梯度以及函数的曲率信息（Hessian 阵），所以该二次型能够在一定范围内被用来替代原目标函数进行优化求解，且当目标函数二阶连续可微时，牛顿型算法具有二次收敛的特性（袁亚湘等，1999；Nocedal et al.，1999）。但牛顿型方法需要准确地计算梯度和 Hessian 矩阵，而 Hessian 矩阵通常难以计算且存储量比较大，因此，研究者进一步发展了拟牛顿方法（Nocedal et al.，1999），如 DFP 算法、LBFGS 算法等，该类算法已成为当前梯度类优化方法中的主流算法，其主要是利用计算过的梯度和目标函数信息来构建 Hessian 矩阵的近似阵。

　　当目标函数的梯度及 Hessian 阵信息均难以获得时,许多学者提出了利用若干插值点通过构造插值二次型(Powell,2006,2004,2002)来逼近原目标函数,再通过优化二次型来进行迭代求解的思想。插值二次型与原目标函数满足在插值点处的函数值相同(图 2-11,图版 I),因此,该二次型在一定程度上能够逼近原函数,且能够反映函数的曲率特征。为了尽可能保证二次型与原函数的近似程度,利用牛顿算法进行寻优时需要保持在当前最优点一个范围(半径)内,因此,信赖域算法被引入到插值二次型的优化中,形成了当前无梯度优化领域中非常重要的一类算法——基于插值模型的信赖域算法(Conn et al.,2009),其中,比较典型的包括 NEWUOA(new unconstrained optimization algorithm)(Powell,2006,2004,2002)、DFO(Conn et al.,1997;Conn et al.,1996)和 Wedge 算法(Marazzi et al.,2002)。

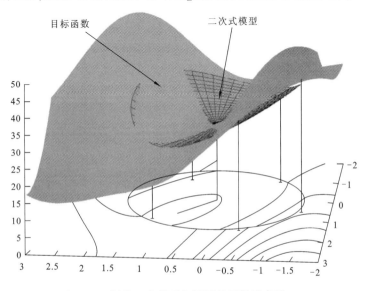

图 2-11　插值二次模型与原目标函数示意图

　　NEWUOA 是由 Powell 于 2006 年提出的,是目前基于插值模型的信赖域算法中应用最为广泛的方法。对于大规模优化问题而言,插值二次型中梯度和 Hessian 阵的系数通常会大于所使用的插值点的个数,因此,如何确定其剩余的自由项是非常困难的。在 NEWUOA 算法中,Powell 是通过最小化当前 Hessian 阵变化的 F 范数来确定剩余自由项的,其与拟牛顿方法的基本思想是一致的,被证实是一种有效可行的处理方法。但对于生产优化问题而言,如果控制变量的个数是 N_u,在 NEWUOA 中必须至少使用 N_u+2 个插值点才能构造初始二次型。也就是,至少需要进行 N_u+2 次油藏模拟计算才能完成第一次迭代优化,当 N_u 比较大时,其计算代价显然难以满足实际应用要求。为此,本次研究提出了一种新的基于二次插值模型的信赖域算法——QIM-AG 算法(quadratic interpolation model-based optimization algorithm guided by the approximated gradient),其与 NEWUOA 算法类似,但该方法在构建插值二次型中引入了目标函数的近似梯度,因此,其构建二次型所需的最少插值点数要远小于 NEWUOA 算法,且随着优化的不断进行,QIM-AG 算法所使用插值点数不断增加以使所建二次型更好地逼近原目标函数。下面对该算法的基本原理进行了详细的推导。

（一）插值二次模型

考虑在第 l 个迭代步所建插值二次型为

$$Q^l(\boldsymbol{u}) = c^l + [\boldsymbol{u} - \boldsymbol{u}_0]^{\mathrm{T}} \boldsymbol{g}^l + \frac{1}{2} [\boldsymbol{u} - \boldsymbol{u}_0]^{\mathrm{T}} \boldsymbol{G}^l (\boldsymbol{u} - \boldsymbol{u}_0) \qquad (2\text{-}41)$$

式中：$\boldsymbol{u}$ 为 N_u 维控制变量向量；c^l 为常数项；$\boldsymbol{g}^l$ 为 N_u 维向量；$\boldsymbol{G}^l$ 为 $N_u \times N_u$ 维对称 Hessian 矩阵。

显然，在该二次型中共计有 N^* 个待定变量（系数），N^* 为

$$N^* = \frac{(N_u + 1)(N_u + 2)}{2} \qquad (2\text{-}42)$$

要完整地确定式（2-41）所示的插值二次型，需要 N^* 个插值点及其对应的目标函数值 J 满足如下插值条件：

$$Q^l(\boldsymbol{u}_i^l) = J(\boldsymbol{u}_i^l) \quad (i = 1, 2, \cdots, N^*) \qquad (2\text{-}43)$$

对于油藏生产优化问题而言，控制变量个数通常可以达到成百上千个，而油藏模拟计算本身属于大规模数学计算的范畴，因此，在进行优化前基于油藏模拟先要计算 N^* 次目标函数值，这种代价是难以承受的。为此，Powell 在 NEWUOA 算法中提出一种有效的方法，可以最少使用 $N_u + 2$ 个插值点即可构造二次模型。使用这些插值点，可以确定 c^l 和 $\boldsymbol{g}^l$ 中的所有参数，以及矩阵 $\boldsymbol{G}^l$ 中的部分元素。对于矩阵 $\boldsymbol{G}^l$ 中的其他元素，主要是通过满足 $\boldsymbol{G}^l$ 的 F 范数的最小值来确定的，其定义为

$$\| \boldsymbol{G}^l \|_F^2 = \sum_{i=1}^{N_u} \sum_{j=1}^{N_u} (\boldsymbol{G}_{ij}^l)^2 \qquad (2\text{-}44)$$

NEWUOA 算法中需要至少 $N_u + 2$ 个点来构造插值二次型，因此，其仍然难以应用于大规模油藏生产优化问题。

在本书所提出的 QIM-AG 算法中，假设常量 c^l 设定为当前最优目标函数值，如 $J(\boldsymbol{u}_{\mathrm{opt}}^{l-1})$，$\boldsymbol{g}^l$ 设定为目标函数近似梯度，而矩阵 $\boldsymbol{G}^l$ 中的元素则是在满足插值点条件下通过最小化 $\boldsymbol{G}^l$ 的 F 范数来确定。因此，QIM-AG 算法可以使用较少的插值点确定原目标函数插值二次型，如果 $\boldsymbol{g}^l$ 由式（2-18）所示的平均 SPSA 梯度来代替，则此时第 l 个迭代步所得插值二次型变为

$$Q^l(\boldsymbol{u}) = J(\boldsymbol{u}_{\mathrm{opt}}^{l-1}) + [\boldsymbol{u} - \boldsymbol{u}_{\mathrm{opt}}^{l-1}]^{\mathrm{T}} \overline{\boldsymbol{g}^l} + \frac{1}{2} [\boldsymbol{u} - \boldsymbol{u}_{\mathrm{opt}}^{l-1}]^{\mathrm{T}} \boldsymbol{G}^l (\boldsymbol{u} - \boldsymbol{u}_{\mathrm{opt}}^{l-1}) \qquad (2\text{-}45)$$

式中：$\boldsymbol{u}_{\mathrm{opt}}^{l-1}$ 为在 $l-1$ 个迭代步得到的最优控制变量；$\overline{\boldsymbol{g}^l}$ 为目标函数在 $\boldsymbol{u}_{\mathrm{opt}}^{l-1}$ 处的近似梯度。

设当前插值点个数为 N_i，根据 NEWUOA 算法提供的思路，在满足插值点条件下插值二次型式（2-45）中的矩阵 $\boldsymbol{G}^l$ 可通过最小化其 F 范数来获得，即求解如下最小化问题：

$$\min \frac{1}{4} \| \boldsymbol{G}^l \|_F^2 = \frac{1}{4} \sum_{i=1}^{N_u} \sum_{j=1}^{N_u} (\boldsymbol{G}_{ij}^l)^2$$

$$\text{s. t.} \quad Q^l(\boldsymbol{u}_i^l) = J(\boldsymbol{u}_i^l) \quad (i = 1, 2, \cdots, N_i) \qquad (2\text{-}46)$$

式中：系数"$\frac{1}{4}$"是为后面便于进行计算处理。该优化问题可通过拉格朗日函数法进行求

解，该函数定义为

$$L(\boldsymbol{G}^l, \boldsymbol{\lambda}^l) = \frac{1}{4} \sum_{i=1}^{N_u} \sum_{j=1}^{N_u} (\boldsymbol{G}_{ij}^l)^2 - \sum_{k=1}^{N_i} \lambda_k^l \big[Q^l(\boldsymbol{u}_k^l) - J(\boldsymbol{u}_k^l) \big]$$

$$= \frac{1}{4} \sum_{i=1}^{N_u} \sum_{j=1}^{N_u} (\boldsymbol{G}_{ij}^l)^2 - \sum_{k=1}^{N_i} \lambda_k^l \Big\{ J(\boldsymbol{u}_{\mathrm{opt}}^{l-1}) + [\boldsymbol{u}_k^l - \boldsymbol{u}_{\mathrm{opt}}^{l-1}]^{\mathrm{T}} \overline{\boldsymbol{g}}^l \tag{2-47}$$

$$+ \frac{1}{2} \boldsymbol{u}_k^l [\boldsymbol{u} - \boldsymbol{u}_{\mathrm{opt}}^{l-1}]^{\mathrm{T}} \boldsymbol{G}^l (\boldsymbol{u}_k^l - \boldsymbol{u}_{\mathrm{opt}}^{l-1}) - J(\boldsymbol{u}_k^l) \Big\}$$

式中：λ_k^l 为拉格朗日乘子，$1 \leqslant k \leqslant N_i$；求得上述最小化问题，需要 L 关于矩阵 $\boldsymbol{G}^l$ 所有的元素的导数为 0，即

$$\nabla_{\boldsymbol{G}_{i,j}^l} L = \frac{1}{2} \boldsymbol{G}_{i,j}^l - \frac{1}{2} \sum_{k=1}^{N_i} \lambda_k^l \big[(\boldsymbol{u}_{k,i}^l - \boldsymbol{u}_{\mathrm{opt},i}^{l-1})(\boldsymbol{u}_{k,j}^l - \boldsymbol{u}_{\mathrm{opt},j}^{l-1}) \big] \tag{2-48}$$

$$= 0 \quad (1 \leqslant i, j \leqslant N_u)$$

此时可以得到如下关于矩阵 $\boldsymbol{G}^l$ 的表达式：

$$\boldsymbol{G}_{i,j}^l = \sum_{k=1}^{N_i} \lambda_k^l \big[(\boldsymbol{u}_{k,i}^l - \boldsymbol{u}_{\mathrm{opt},i}^{l-1})(\boldsymbol{u}_{k,j}^l - \boldsymbol{u}_{\mathrm{opt},j}^{l-1}) \big] \quad (1 \leqslant i, j \leqslant N_u) \tag{2-49}$$

或写成矩阵的形式为

$$\boldsymbol{G}^l = \sum_{k=1}^{N_i} \lambda_k^l \big[(\boldsymbol{u}_k^l - \boldsymbol{u}_{\mathrm{opt}}^{l-1}) [\boldsymbol{u}_k^l - \boldsymbol{u}_{\mathrm{opt}}^{l-1}]^{\mathrm{T}} \big] \tag{2-50}$$

由式(2-49)或式(2-50)可以看出，矩阵 $\boldsymbol{G}^l$ 为一对称矩阵，且当所有的拉格朗日乘子 λ_k^l 为正数时，矩阵 $\boldsymbol{G}^l$ 为正定阵。将式(2-50)带入式(2-45)所示插值二次型中，可得

$$Q^l(\boldsymbol{u}) = J(\boldsymbol{u}_{\mathrm{opt}}^{l-1}) + [\boldsymbol{u} - \boldsymbol{u}_{\mathrm{opt}}^{l-1}]^{\mathrm{T}} \overline{\boldsymbol{g}}^l + \frac{1}{2} \sum_{k=1}^{N_i} \lambda_k^l \{ [\boldsymbol{u} - \boldsymbol{u}_{\mathrm{opt}}^{l-1}]^{\mathrm{T}} (\boldsymbol{u}_k^l - \boldsymbol{u}_{\mathrm{opt}}^{l-1}) \}^2 \tag{2-51}$$

式(2-51)中仅有拉格朗日乘子 λ_k^l 是未知的，将其带入式(2-46)所示的 N_i 个插值条件中，可以得到 N_i 线性方程组，方程组数与拉格朗日乘子 λ_k^l 的个数相同，因此，可以唯一确定所有的 λ_k^l。该线性方程组以矩阵形式表达为

$$\boldsymbol{A}\boldsymbol{\lambda}^l = \boldsymbol{R}^l \tag{2-52}$$

式中：$\boldsymbol{\lambda}^l = [\lambda_1^l, \lambda_2^l, \cdots, \lambda_{N_i}^l]^{\mathrm{T}}$；$\boldsymbol{A}$ 为一 $N_i \times N_i$ 维矩阵，其每元素可由下式获得：

$$\boldsymbol{A}_{ik}^l = \frac{1}{2} \{ [\boldsymbol{u}_i^l - \boldsymbol{u}_{\mathrm{opt}}^{l-1}]^{\mathrm{T}} (\boldsymbol{u}_k^l - \boldsymbol{u}_{\mathrm{opt}}^{l-1}) \}^2 \quad (1 \leqslant i, k \leqslant N_i) \tag{2-53}$$

$\boldsymbol{R}^l$ 为 N_i 维向量，其元素为

$$\boldsymbol{R}_i^l = J(\boldsymbol{u}_i^l) - J(\boldsymbol{u}_{\mathrm{opt}}^{l-1}) - [\boldsymbol{u}_i^l - \boldsymbol{u}_{\mathrm{opt}}^{l-1}]^{\mathrm{T}} \overline{\boldsymbol{g}}^l \quad (1 \leqslant k \leqslant N_i) \tag{2-54}$$

求解线性方程式(2-52)，可获得相应的拉格朗日乘子，将其带入到式(2-51)中最终得到原目标函数的插值二次型。与 NEWUOA 算法不同的是，这里的插值点个数 N_i 不是固定的，在优化过程中 QIM-AG 算法将尽量保存和使用所有可行的插值点，因此，随着计算次数的增加，QIM-AG 算法所建插值二次型能够在一定程度上更加逼近原目标函数。

（二）子问题求解

在获得插值二次型以后，本书将使用信赖域算法对插值二次型进行优化。信赖域算法

(孙清莹等,2009;时贞军等,2006;张光澄等,2005;Nocedal et al.,1999)有效地避免了使用线搜索方法不易确定步长的缺点,具有收敛速度快、计算稳定等特性,是当前最优化领域研究中比较前沿的一类方法。信赖域算法的核心是对其子问题求解,因为并不能保证所建插值二次模型的 Hessian 矩阵 $\boldsymbol{G}^l$ 是正定的,所以选取了 Morè 等(1983)提出的信赖域方法(GQTPAR)对下式所示子问题进行求解:

$$\max \boldsymbol{Q}^l(\boldsymbol{u}_{\text{opt}}^{l-1} + \boldsymbol{d}^l) \quad \text{s. t.} \ \|\boldsymbol{d}^l\| \leqslant \delta_l \tag{2-55}$$

式中:δ_l 为第 l 个迭代步的信赖域半径。

如果求得的 $\boldsymbol{d}^l$ 使目标函数增加,即 $J(\boldsymbol{u}_{\text{opt}}^{l-1} + \boldsymbol{d}^l) > J(\boldsymbol{u}_{\text{opt}}^{l-1})$,则新的最优控制变量变为 $\boldsymbol{u}_{\text{opt}}^l = \boldsymbol{u}_{\text{opt}}^{l-1} + \boldsymbol{d}^l$,并根据前述方法在 $\boldsymbol{u}_{\text{opt}}^l$ 处更新插值二次型,并相应地调整信赖域半径 δ_{l+1},如下式所示:

$$\delta_{l+1} = \begin{cases} \delta_l & (\|\boldsymbol{d}_l\| = \delta_l) \\ \min(2\delta_l, \delta_{\max}) & (\|\boldsymbol{d}_l\| \neq \delta_l) \end{cases} \tag{2-56}$$

如果求得的 $\boldsymbol{d}^l$ 不能使目标函数严格增加 $J(\boldsymbol{u}_{\text{opt}}^{l-1} + \boldsymbol{d}^l) \leqslant J(\boldsymbol{u}_{\text{opt}}^{l-1})$,说明所建插值二次型模型在当前信赖域半径下不能很好地逼近原目标函数,则信赖域半径减半,即 $\delta_{l+1} = 0.5\delta_l$,且 $\boldsymbol{u}_{\text{opt}}^l = \boldsymbol{u}_{\text{opt}}^{l-1}$。以上信赖域半径的更新策略和"Wedge 方法"(Marazzi et al.,2002)一样。

值得注意的是,在优化过程中,尽管保存了所有计算过的插值点及其相应的目标函数值,但某些插值点距离当前最优控制变量较远时,并不能为插值二次型的建立提供有效的信息,同时也不利于线性方程组式(2-52)的求解,因此,本书重点选取与当前最优控制变量在一定距离内的插值点来构造二次型模型,经过数值试验,该距离设置为 $4\delta_l$。

另外,从一般意义上说,QIM-AG 算法可以使用任意近似梯度来构造插值二次型,因此,本书也使用了 EnOpt 算法中的 $\boldsymbol{C}_U \boldsymbol{C}_{U,J}^l$ 来作为式(2-45)所示插值二次型的近似梯度 $\overline{\boldsymbol{g}}^l$,在后面的测试实例中,将其标记为 QIM-EnOpt,而以平均 SPSA 梯度作为近似梯度的 QIM-AG 算法,将其标记为 QIM-SPSA。

总体来说,QIM-AG 算法类似于拟牛顿方法,均是通过优化原目标函数的二次逼近模型来获得搜索方向。所不同的是,QIM-AG 算法是利用一系列插值点来构造插值二次型,且二次型的梯度为目标函数的近似梯度,不需要利用伴随方法来进行求解,易于和任意油藏模拟器相结合。

七、近似扰动梯度升级算法

近似扰动梯度升级算法(general stochastic approximation,GSA)。对于目标函数 J,考虑在第 l 个迭代步的最优控制变量为 $\boldsymbol{u}^l$,在其周围进行扰动生成 N 个控制变量:

$$\boldsymbol{u}_i^l = \boldsymbol{u}^l + \varepsilon_l \boldsymbol{\Delta}_i^l \quad (i = 1, 2, \cdots, N) \tag{2-57}$$

式中:$\boldsymbol{u}_i^l$ 表示第 l 步第 i 个控制变量实现;$\boldsymbol{\Delta}_i^l$ 为扰动向量,服从某一分布;γ 为扰动步长。

将 N 个控制变量代入到油藏模拟中进行运算,利用式(2-4)可分别求得对应的 N 个目标函数值 $J(\boldsymbol{u}_1^l), J(\boldsymbol{u}_2^l), \cdots, J(\boldsymbol{u}_N^l)$,令 $\Delta \boldsymbol{J}_i^l$ 表示第 i 个目标函数值与当前最优目标函数值的差值,即

$$\Delta J_i = J(\boldsymbol{u}_i^l) - J(\boldsymbol{u}^l) = J(\boldsymbol{u}^l + \gamma \boldsymbol{\Delta}_i^l) - J(\boldsymbol{u}^l) \quad (i = 1, 2, \cdots, N) \quad (2\text{-}58)$$

构造近似扰动梯度一般式为

$$\hat{\boldsymbol{g}} = \frac{1}{c} \boldsymbol{\Delta} \boldsymbol{L} \boldsymbol{L}^{\mathrm{T}} \Delta \boldsymbol{J} \quad (2\text{-}59)$$

式中：$\boldsymbol{\Delta} = \begin{bmatrix} \boldsymbol{\Delta}_{11}^l & \boldsymbol{\Delta}_{12}^l & \cdots & \boldsymbol{\Delta}_{1N}^l \\ \boldsymbol{\Delta}_{21}^l & \boldsymbol{\Delta}_{22}^l & \cdots & \boldsymbol{\Delta}_{2N}^l \\ \vdots & \vdots & & \vdots \\ \boldsymbol{\Delta}_{N_u 1}^l & \boldsymbol{\Delta}_{N_u 2}^l & \cdots & \boldsymbol{\Delta}_{N_u N}^l \end{bmatrix}$，$\Delta \boldsymbol{J} = \begin{bmatrix} \Delta J_1 \\ \Delta J_2 \\ \vdots \\ \Delta J_N \end{bmatrix}$；$c$ 为常数；$\boldsymbol{L}$ 是一个 N_g 维下三角阵。设

$\boldsymbol{g}$ 为目标函数在 $\boldsymbol{u}^l$ 处的真实梯度，将 $J(\boldsymbol{u}^l + \varepsilon_l \boldsymbol{\Delta}_i^l)$ 在 $\boldsymbol{u}^l$ 处进行一阶泰勒展开：

$$J(\boldsymbol{u}^l + \varepsilon_l \boldsymbol{\Delta}_i^l) = J(\boldsymbol{u}^l) + \varepsilon_l \boldsymbol{g}^{\mathrm{T}} \boldsymbol{\Delta}_i^l + o(\parallel \varepsilon_l \boldsymbol{\Delta}_i^l \parallel^2) \quad (2\text{-}60)$$

由于扰动步长 ε_l 一般较小，可忽略掉第三项无穷小量，则 ΔJ_i 满足：

$$\Delta J_i = J(\boldsymbol{u}^l + \varepsilon_l \boldsymbol{\Delta}_i^l) - J(\boldsymbol{u}^l) = \varepsilon_l \boldsymbol{g}^{\mathrm{T}} \boldsymbol{\Delta}_i^l \quad (2\text{-}61)$$

写成向量形式，则 $\Delta \boldsymbol{J}^{\mathrm{T}} = \varepsilon_l \boldsymbol{g}^{\mathrm{T}} \boldsymbol{\Delta}$。考虑近似梯度 $\hat{\boldsymbol{g}}$ 与真实梯度 $\boldsymbol{g}$ 的向量积为

$$\boldsymbol{g}^{\mathrm{T}} \hat{\boldsymbol{g}} = \frac{1}{c} \boldsymbol{g}^{\mathrm{T}} \boldsymbol{\Delta} \boldsymbol{L} \boldsymbol{L}^{\mathrm{T}} \Delta \boldsymbol{J} = \frac{1}{c} \frac{\Delta \boldsymbol{J}^{\mathrm{T}}}{\varepsilon_l} \boldsymbol{L} \boldsymbol{L}^{\mathrm{T}} \Delta \boldsymbol{J} = \frac{1}{\varepsilon_l c} \parallel \boldsymbol{L}^{\mathrm{T}} \Delta \boldsymbol{J} \parallel^2 \geqslant 0 \quad (2\text{-}62)$$

式(2-62)表明，一般式梯度 $\hat{\boldsymbol{g}}$ 对于最大化问题而言恒为上山方向(Jalali et al.,1998)，能够保证算法收敛。同时还可验证 SPSA 算法和 EnOpt 算法的梯度是此梯度的两种特殊形式。

对于标准的 SPSA 算法(Chen et al.,2010；Chen et al.,2009b；Peters et al.,2009)，第 l 步迭代，第 i 次扰动对应的梯度为

$$\hat{\boldsymbol{g}}_{si} = \frac{J(\boldsymbol{u}^l + \varepsilon_l \boldsymbol{\Delta}_i^l) - J(\boldsymbol{u}^l)}{\varepsilon_l} \times \boldsymbol{\Delta}_i^l = \frac{1}{\varepsilon_l} \boldsymbol{\Delta}_i^l \times \Delta J_i \quad (2\text{-}63)$$

式中：$\boldsymbol{\Delta}_i^l$ 是一服从伯努利分布的扰动向量。实际运用中，为获得更好的搜索方向，通常取 N_g 次扰动得到平均梯度：

$$\hat{\boldsymbol{g}}_s = \frac{1}{N_g} \sum_{i=1}^{N_u} \frac{1}{\varepsilon_l} \boldsymbol{\Delta}_i^l \times \Delta J_i = \frac{1}{N_g \varepsilon_l} \boldsymbol{\Delta} \Delta \boldsymbol{J} \quad (2\text{-}64)$$

可以看出，在一般式梯度 $\hat{\boldsymbol{g}}$ 中，当矩阵 $\boldsymbol{\Delta}$ 内的 N_g 个向量符合伯努利分布、$\boldsymbol{L}$ 取单位阵、c 取 $N_g \times \varepsilon_l$ 时，它便是 SPSA 梯度。

对于 EnOpt 算法(张凯等,2009；王金旗等,2004)，其思想是基于当前最优控制 $\boldsymbol{u}^l$ 生成多个服从高斯型分布的控制向量，之后取控制变量协方差矩阵 $\boldsymbol{C}_U$ 与控制变量和目标函数的协方差 $\boldsymbol{C}_{U,J}$ 的乘积作为当前迭代步的梯度 $\hat{\boldsymbol{g}}_e$，即

$$\hat{\boldsymbol{g}}_e = \boldsymbol{C}_U \times \boldsymbol{C}_{U,J} = \frac{\gamma^3}{(N_g - 1)^2} \boldsymbol{\Delta} (\boldsymbol{\Delta}^{\mathrm{T}} \boldsymbol{\Delta}) \Delta \boldsymbol{J} \quad (2\text{-}65)$$

式中：

$$\boldsymbol{C}_U \approx \frac{1}{N_g - 1} \sum_{i=1}^{N_g} (\boldsymbol{u}_i^l - \boldsymbol{u}^l) [\boldsymbol{u}_i^l - \boldsymbol{u}^l]^{\mathrm{T}} = \frac{1}{N_g - 1} \sum_{i=1}^{N_g} (\varepsilon_l \boldsymbol{\Delta}_i^l) [\varepsilon_l \boldsymbol{\Delta}_i^l]^{\mathrm{T}} = \frac{\varepsilon_l^2}{N_g - 1} \boldsymbol{\Delta} \boldsymbol{\Delta}^{\mathrm{T}}$$

$$(2\text{-}66)$$

$$C_{U,J} = \frac{1}{N_g-1}\sum_{i=1}^{N_g}(\boldsymbol{u}_i^l - \boldsymbol{u}^l)[J(\boldsymbol{u}_i^l)-J(\boldsymbol{u}^l)] = \frac{1}{N_g-1}\sum_{i=1}^{N_g}(\varepsilon_l\boldsymbol{\Delta}_i^l \times \Delta J_i) = \frac{\varepsilon_l}{N_g-1}\boldsymbol{\Delta}\Delta J$$

$$(2\text{-}67)$$

显然,在一般式梯度 $\hat{\boldsymbol{g}}$ 中,当矩阵 $\boldsymbol{\Delta}$ 内的 N_g 个向量符合多元高斯分布、$\boldsymbol{LL}^{\mathrm{T}}$ 取 $\boldsymbol{\Delta}^{\mathrm{T}}\boldsymbol{\Delta}$、$c$ 取 $(N_g-1)^2/\varepsilon_l^3$ 时,其便成为 EnOpt 梯度。

（一）近似扰动梯度升级

近似扰动梯度和真实梯度夹角的余弦值为

$$\cos\langle \boldsymbol{g},\hat{\boldsymbol{g}} \rangle = \frac{\boldsymbol{g}^{\mathrm{T}}\hat{\boldsymbol{g}}}{|\boldsymbol{g}||\hat{\boldsymbol{g}}|} = \frac{\|\boldsymbol{L}^{\mathrm{T}}\Delta J\|^2}{c|\boldsymbol{g}||\boldsymbol{\Delta}\boldsymbol{LL}^{\mathrm{T}}\Delta J|} \tag{2-68}$$

如果近似梯度越接近于真实梯度,则两者夹角的余弦值越大。因此,近似扰动梯度升级的思想是找到一个最优矩阵 $\boldsymbol{L}$,使其达到最大。虽然真实梯度 $\boldsymbol{g}$ 是未知的,但是 $\boldsymbol{g}$ 在每一个迭代步中不随 $\boldsymbol{L}$ 变化而变化,因此,可以去掉 $|\boldsymbol{g}|$,选择下式作为优化 $\boldsymbol{L}$ 时的目标函数:

$$\max F(\boldsymbol{L}) = \frac{\boldsymbol{g}^{\mathrm{T}}\hat{\boldsymbol{g}}}{|\hat{\boldsymbol{g}}|} = \frac{\|\boldsymbol{L}^{\mathrm{T}}\Delta J\|^2}{c|\boldsymbol{\Delta}\boldsymbol{LL}^{\mathrm{T}}\Delta J|} \tag{2-69}$$

由于式(2-69)中除 $\boldsymbol{L}$ 外都为确定量,不涉及油藏模拟器运算,可以使用传统的优化算法(Jalali et al.,1998)对其进行优化迭代,如最速下降法、拟牛顿法等,其每个迭代步的初值选取可借鉴 SPSA 算法选取单位阵 $\boldsymbol{I}_{N_g}$。每个迭代步都对 $\boldsymbol{L}$ 进行优化,然后采用优化后的 $\boldsymbol{L}$ 来构造梯度,这样得到的梯度更加接近于真实梯度,进而达到改进算法、提高收敛效率的目的。获得近似扰动梯度之后用式(2-70)更新控制变量,其中,α^l 为迭代步长

$$\boldsymbol{u}^{l+1} = \boldsymbol{u}^l + \alpha^l \times \frac{\hat{\boldsymbol{g}}}{\|\hat{\boldsymbol{g}}\|_\infty} \tag{2-70}$$

（二）算法步骤

运用近似扰动梯度升级算法进行求解时,主要包括外循环和内循环两个过程,外循环是用近似梯度更新控制变量优化目标函数的过程;内循环是通过最大化 F 来求解 $\boldsymbol{L}$ 而得到近似梯度的过程。这里给出近似扰动梯度升级算法的步骤。

(1) 设定初始控制变量 $\boldsymbol{u}^0$,并模拟计算出 $\boldsymbol{u}^0$ 对应的初始目标函数值 $J(\boldsymbol{u}^0)$,确定初始参数取值 N_g、ε_l,$c = N_g \times \gamma$,$\boldsymbol{L} = \boldsymbol{I}_{N_g}$,内外循环最大迭代次数 $l_{\max}$、$k_{\max}$,外循环迭代步 $l = 0$;

(2) 生成 N_g 个服从某一分布的扰动向量,对控制变量 $\boldsymbol{u}^l$ 进行扰动,生成的 N_gN 个控制变量,并求得对应 N_gN 个目标函数值 $J(\boldsymbol{u}_1^l),J(\boldsymbol{u}_2^l),\cdots,J(\boldsymbol{u}_{N_g}^l)$ 及其变化量 ΔJ_1,$\Delta J_2,\cdots,\Delta J_N$。建立目标函数 $F(\boldsymbol{L})$,进入内循环,使用传统拟牛顿方法(Jalali et al.,1998)对 $F(\boldsymbol{L})$ 进行迭代优化求解,直至满足如下收敛条件,则把 $\boldsymbol{L}^k$ 作为矩阵 $\boldsymbol{L}$ 的最优解,退出内循环,k 为内循环的迭代次数序号,ξ_1 为预设极小常数:

$$\frac{|F(\boldsymbol{L}^k)-F(\boldsymbol{L}^{k-1})|}{\max(|F(\boldsymbol{L}^{k-1})|,1.0)} \leqslant \xi_1 \quad \text{或} \quad k > k_{\max} \tag{2-71}$$

(3) 把 $\boldsymbol{L}^k$ 代入梯度一般式(2-59)中得出升级后的第 l 步的 $\hat{\boldsymbol{g}}$,利用式(2-70)更新控

制变量,得到 $\boldsymbol{u}^{l+1}$;

(4) 计算出 $\boldsymbol{u}^{l+1}$ 对应的目标函数值 $J(\boldsymbol{u}^{l+1})$,目标函数值如满足如下收敛条件,则算法停止,$\boldsymbol{u}^{l+1}$ 作为最优控制变量输出;否则,外循环迭代步 $l=l+1$,转至步骤(2),重复以上求解过程,ξ_2 为预设极小常数:

$$\frac{\left|J(\boldsymbol{u}^{l+1})-J(\boldsymbol{u}^l)\right|}{\max(\left|J(\boldsymbol{u}^l)\right|,1.0)}\leqslant\xi_2\quad\text{或}\quad l>l_{\max}\tag{2-72}$$

虽然内循环增加了运算量,但它不涉及油藏模拟器的运算,使用传统的优化方法便可对梯度进行快速优化改进。引入 $\boldsymbol{L}$ 并对其进行优化,使得升级算法得到的梯度能够更好地逼近真实梯度。

八、计算实例

在本节中,应用所提出的QIM-AG算法与Eclipse油藏数值模拟软件相匹配进行了油藏生产优化实例计算,并将其与 NEWUOA、SID-PSM、PSO 以及 SPSA 等优化算法进行了应用效果对比。为便于比较各算法收敛特性,测试实例中生产优化的约束均为边界约束,处理边界约束最常见的方法包括截断法(Chen et al.,2009a)以及对数变换法(Wang et al.,2007;Gao et al.,2006),此次研究主要选用对数变换法。通过对数变换,可使边界约束优化转变成无约束优化问题。控制变量进行对数变换的表达式为

$$\boldsymbol{s}_i=\ln\left(\frac{\boldsymbol{u}_i-\boldsymbol{u}_i^{\text{low}}}{\boldsymbol{u}_i^{\text{up}}-\boldsymbol{u}_i}\right)\tag{2-73}$$

式中:$\boldsymbol{u}_i$ 为第 i 个控制变量;$\boldsymbol{s}_i$ 为变换后的控制变量;$\boldsymbol{u}_i^{\text{low}}$、$\boldsymbol{u}_i^{\text{up}}$ 为控制变量 $\boldsymbol{u}_i$ 的上下约束。

在优化过程中,上述各优化方法每次迭代都是在对数域上进行,然后再通过对数逆变换得到真实控制变量,即

$$\boldsymbol{u}_i=\frac{\exp(\boldsymbol{s}_i)(\boldsymbol{u}_i^{\text{up}}+\boldsymbol{u}_i^{\text{low}})}{1+\exp(\boldsymbol{s}_i)}=\frac{\exp(-\boldsymbol{s}_i)(\boldsymbol{u}_i^{\text{low}}+\boldsymbol{u}_i^{\text{up}})}{1+\exp(-\boldsymbol{s}_i)}\tag{2-74}$$

应用 QIM-SPSA,QIM-EnOpt,SPSA 以及 EnOpt 算法进行生产优化时,扰动向量主要采用高斯型分布,其协方差矩阵由球形模型来定义,其表达式为

$$\boldsymbol{C}_{i,j}=\sigma^2\begin{cases}1-\dfrac{3\left|i-j\right|}{2T}+\dfrac{\left|i-j\right|^3}{2T^3},&(\left|i-j\right|\leqslant T)\\0,&(\left|i-j\right|>T)\end{cases}\tag{2-75}$$

式中:σ 为标准差;T 为时间关联长度;i,j 为控制时间步序号。

测试实例时,当各优化算法同时满足以下两个条件时收敛:

$$\frac{\left|J(\boldsymbol{u}_{\text{opt}}^l)-J(\boldsymbol{u}_{\text{opt}}^{l-1})\right|}{J(\boldsymbol{u}_{\text{opt}}^{l-1})}\leqslant\xi_1\tag{2-76}$$

$$\frac{\|\boldsymbol{u}_{\text{opt}}^l-\boldsymbol{u}_{\text{opt}}^{l-1}\|}{\max(\|\boldsymbol{u}_{\text{opt}}^{l-1}\|,1.0)}\leqslant\xi_2\tag{2-77}$$

其中,参数 ξ_1 和 ξ_2 为常数,在下面的测试例子中均设为 0.003。

（一）二维多孔道油藏

所建油藏模型划分网格为 $25 \times 25 \times 1$，网格尺寸大小为 DX ＝ DY ＝ 100 ft，DZ ＝ 20 ft。油藏非均质性强，其间包含若干条高渗孔道，其平面渗透率场分布如图 2-12 所示。初始油藏含油饱和度为 0.3，初始油藏压力为 3500 psi。采用五点法井网，含有 4 口生产井和 9 口注水井。每口井每 180 d 进行一次调控，总控制步数为 10，因此，总优化时间为 1800 d，控制变量个数为 $(4 ＋ 9) \times 10 ＝ 130$。优化过程中，所有注水井均基于流量控制，其上下边界分别为 1500 STB/d 和 0 STB/d；所有生产井基于井底流压控制，其上下边界分别为 6000 psi 和 1500 psi。原油价格为 50.0 $/STB，产水成本价格为 5.56 $/STB，年利率为 10%。

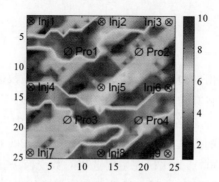

图 2-12　　油藏平面渗透率分布（对数刻度）

对于优化方法 QIM-SPSA、QIM-EnOpt、SPSA 以及 EnOpt，在对数域上应用式 (2-75) 定义协方差矩阵，设置参数 $\sigma ＝ 0.2$，$T ＝ 10$；对于 QIM-SPSA 和 QIM-EnOpt 算法，初始信赖域半径为 $\delta_0 ＝ 2.0$，最大信赖域半径为 $\delta_{max} ＝ 6.0$；QIM-SPSA 和 SPSA 算法在每个迭代步均需 5 次随机扰动计算来求取平均梯度；在 QIM-EnOpt 和 EnOpt 算法中，每个迭代步通过生成 10 个随机控制向量及计算其对应的目标函数值来获得近似梯度；在 SPSA 算法中，式 (2-15) 和式 (2-16) 所示的迭代步长及扰动步长参数的设置为：$\alpha ＝ 1.0$，$\varepsilon ＝ 0.1$，$A ＝ 20$；EnOpt 算法的初始迭代步长为 1.0；SID-PSM 算法中，初始 Mesh 步长 $a_0 ＝ 1.0$，集合 $B ＝ \{-\boldsymbol{I}_{N_u} \quad \boldsymbol{I}_{N_u}\}$；PSO 算法使用 25 个粒子，且初始粒子的位置 $\boldsymbol{u}_i^0$（$i ＝ 1$，$2, \cdots, 25$）及初始飞行速度均 $\boldsymbol{v}_i^0$ 均从 $[-5, 5]$ 均匀分布随机向量中产生。

各种优化方法运算过程中均基于相同的初始估计，注水井注入速度为 1500 STB/D，生产井 BHP 为 2500 psi，各算法的允许最大油藏模拟次数为 1000 次。图 2-13 和表 2-3 为各算法 NPV 的优化结果及收敛情况。可以看出，QIM-EnOpt 经过 600 次油藏模拟计算收敛并获得最高的 NPV（6.40×10^7 $），QIM-SPSA 最终优化所得 NPV 为 6.31×10^7 $，与 QIM-EnOpt 和 EnOpt 算法比较接近，但仅需 349 次油藏模拟计算；EnOpt 算法优化得到的 NPV（6.37×10^7 $）仅次于 QIM-EnOpt 的结果，但是需要多出 250 次油藏模拟计算代价；SPSA 算法和 NEWUOA 算法经过 1000 次油藏模拟计算优化所得 NPV 比较接近，约为 6.1×10^7 $，但是显然 NEWUOA 算法在初始阶段效率较低，其在优化前需要至少

130 次油藏模拟计算才能构建初始插值二次型；在该实例中，PSO 算法和 SID-PSM 算法均比其他优化算法的收敛性及优化结果较差。

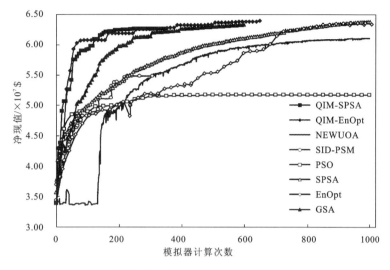

图 2-13 各算法 NPV 优化结果

表 2-3 各优化算法收敛性对比

优化算法	模拟器计算次数	最终 NPV/$\times 10^7$ \$
QIM-SPSA	349	6.31
QIM-EnOpt	650	6.40
NEWUOA	1000	6.11
SID-PSM	305	5.51
PSO	1000	5.18
SPSA	1000	6.33
EnOpt	1000	6.37
USPSA	600	6.33

图 2-14(图版 I ~ II) 所示为基于 RC(reactive control) 方法(Chen et al.,2011;van Essen et al.,2009) 和各无梯度算法所得开发方案生产得到的最终油藏剩余油饱和度分布图。所谓 RC 方法，是指注入井在最大注入速度注入及生产井在最大产液量生产条件下，当生产井的含水率超过经济含水率时(生产井产油的收益等于处理产水的成本) 即关井的生产策略，这种方法也被称为开关控制或被动控制。从图中可以看出，由于高渗孔道的存在，按照 RC 方法生产导致油藏注入水过早突破，油藏的水驱波及系数较低，滞留了大量的剩余油，而经过各无梯度算法优化后，所得生产方案明显地抑制了注入水的指进，有效地提高了水驱波及系数，提高了油藏最终采收率。值得注意的是，从基于 PSO，NEWUOA 以及 SPSA 算法所得剩余油饱和度分布来看，其水驱采出程度要好于 EnOpt 和 QIM-EnOpt 算法的结果，但是其产出水较多，因此，优化所得 NPV 值低于 EnOpt 和 QIM-EnOpt 的计算结果。

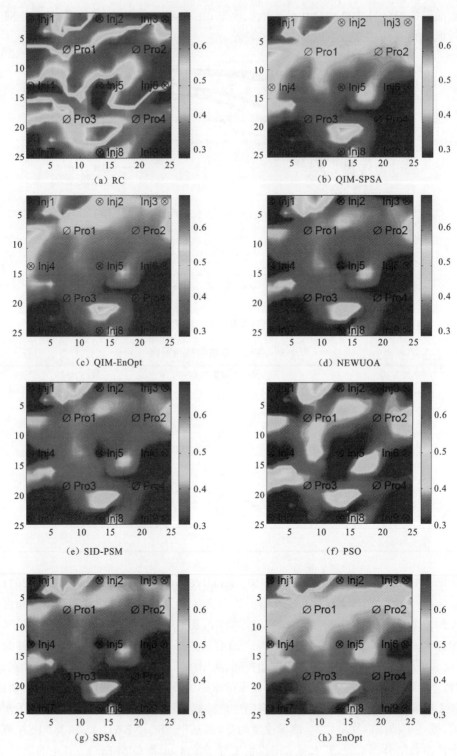

图 2-14　各优化算法所得最终剩余油饱和度分布图

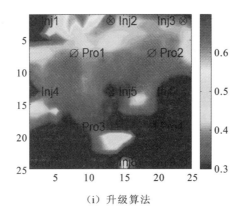

（i）升级算法

图 2-14　各优化算法所得最终剩余油饱和度分布图（续）

　　各优化算法所得油水井的生产调控图如图 2-15 ～ 图 2-22（图版 Ⅱ ～ Ⅳ）所示，其主要表征了各井在不同时间步内的工作制度。其中，横坐标表示为控制时间步序列，纵坐标所示为生产井或注水井井序号。由生产调控结果看出，QIM-SPSA，QIM-EnOpt，SPSA 及 EnOpt 算法获得的生产调控规律比较相近，由于生产井 Pro3 和 Pro4 通过高渗带与 3 口注水井（Inj4，Inj6，Inj8）相连通，其在大部分时间内处于较高的井底流压控制下，以避免注入水的早期突破和指进；生产井 Pro1 和 Pro2 井底流压较小，而注水井 Inj6、Inj7 和 Inj9 趋向于较高的注入流量，使地层原油主要在这 3 口水井的驱动下最终从 Pro1 和 Pro2 井中采出。另外，由于考虑了各控制变量间的相关性，QIM-SPSA，QIM-EnOpt，SPSA、升级 SPSA 及 EnOpt 算法所获得的最优控制方案较为光滑连续，便于现场实际操作，而 PSO、NEWUOA 和 SID-PSM 算法所得生产调控方案各不相同，且具有较强的波动性，不利于最优控制规律的分析和把握。

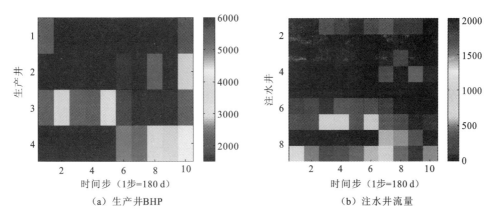

图 2-15　QIM-SPSA 算法优化所得生产调控图

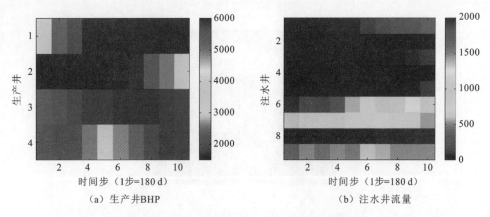

（a）生产井BHP　　　　　　　　　（b）注水井流量

图 2-16　QIM-EnOpt 算法优化所得生产调控图

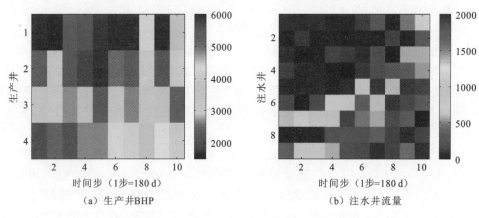

（a）生产井BHP　　　　　　　　　（b）注水井流量

图 2-17　NEWUOA 算法优化所得生产调控图

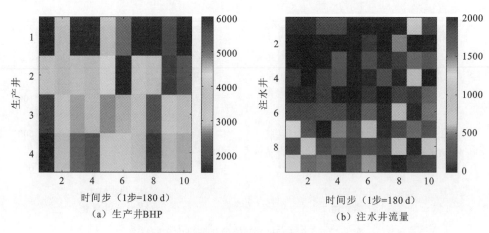

（a）生产井BHP　　　　　　　　　（b）注水井流量

图 2-18　SID-PSM 算法优化所得生产调控图

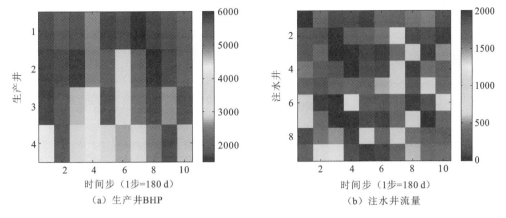

（a）生产井BHP （b）注水井流量

图 2-19 PSO 算法优化所得生产调控图

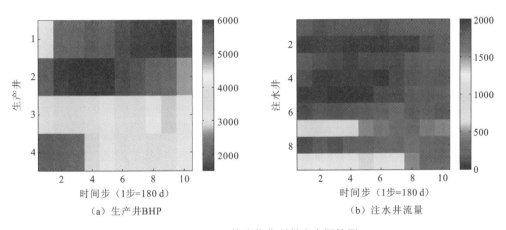

（a）生产井BHP （b）注水井流量

图 2-20 SPSA 算法优化所得生产调控图

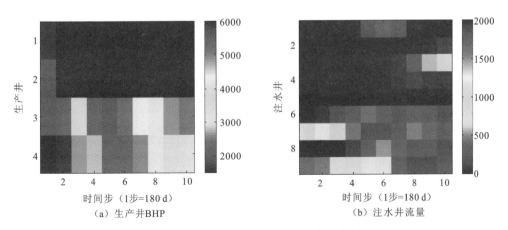

（a）生产井BHP （b）注水井流量

图 2-21 EnOpt 算法优化所得生产调控图

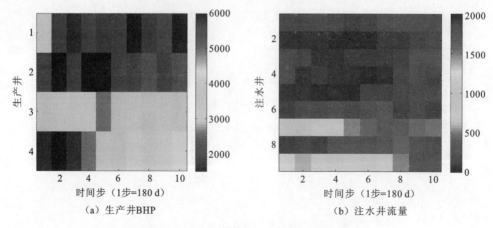

(a) 生产井BHP   (b) 注水井流量

图 2-22   SPSA 升级算法优化所得生产调控图

(二) PUNQ-S3 油藏

PUNQ-S3 油藏为三维三相模型,网格划分为 $20 \times 30 \times 5$,是油藏模拟历史拟合研究中常用的一个油藏模型(Gao et al.,2007;Gao et al.,2005;Gu et al.,2004)。油藏中部含有气顶,边部有强边水侵入。原模型中仅有 6 口生产井,不含注水井,此处为了对比注采优化效果,取消了边水影响,并人为布置了一些生产井及注水井,油水井在第一小层的井位分布如图 2-23 所示,共包括 7 口注水井和 7 口生产井。在生产优化中,所有注水井均基于流量控制,其上下边界分别为 3000 STB/d 和 0 STB/d;所有生产井基于井底流压控制,其上下边界分别为 3000 psi 和 1000 psi。在 NPV 计算中,原油价格定为 80.0 \$/STB,产水成本价格为 8.9 \$/STB。每口井每190 d 进行一次调控,总控制步数为 40,因此,总优化时间为 7600 d,总控制变量个数为 $(7+7) \times 40 = 560$。

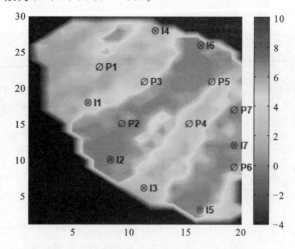

图 2-23   第 1 小层渗透率及油水井的分布(对数刻度)

在 QIM-SPSA, QIM-EnOpt, SPSA 以及 EnOpt 等算法中, 考虑各井在时间上控制变量间的相关性, 其协方差矩阵如式 (2-75) 所示, 设置参数 $\sigma = 0.1, T = 20$; 对于 QIM-SPSA 算法, 设置初始信赖域半径 $\delta_0 = 5.0$, 最大信赖域半径 $\delta_{\max} = 20.0$; 对于 QIM-EnOpt 算法, 初始信赖域半径 $\delta_0 = 1.0$, 最大信赖域半径 $\delta_{\max} = 2.0$; QIM-SPSA 和 SPSA 算法在每个迭代步均需 5 次随机扰动计算来求取平均梯度; 在 QIM-EnOpt 和 EnOpt 算法中, 每个迭代步通过生成 10 个随机控制向量及计算其对应的目标函数值来获得近似梯度; 在 SPSA 算法中, 设置参数 $\alpha = 1.0, \varepsilon = 0.1, A = 20$; EnOpt 算法的初始迭代步长为 1.0; SID-PSM 算法中, 初始 Mesh 步长 $a_0 = 0.5$, 集合 $B = \{-\boldsymbol{I}_{N_u} \quad \boldsymbol{I}_{N_u}\}$; 对于 PSO 算法, 微粒群个数为 50, 其初始粒子的位置 $\boldsymbol{u}_i^0$ ($i = 1, 2, \cdots, 50$) 及初始飞行速度均 v_i^0 均从 $[-10, 10]$ 均匀分布随机向量中产生。

图 2-24 和表 2-4 为各算法 NPV 的优化结果及收敛情况。各种优化方法运算过程中均基于相同的初始估计, 注水井注入速度为 1500 STB/d, 生产井 BHP 为 1500 psi, 所允许最大油藏模拟计算次数为 1000 次。对比收敛结果可以看出, QIM-AG 算法具有较快的收敛速度, 获得了较高的 NPV 优化结果, 其中, QIM-EnOpt 经过 441 次油藏模拟计算收敛并获得最高的 NPV (4.360×10^7 \$), QIM-SPSA 最终优化所得 NPV 为 4.343×10^7 \$, 与 QIM-EnOpt 和 EnOpt 算法比较接近, 但其收敛速度最快。EnOpt 算法优化得到 NPV 仅次于 QIM-EnOpt 的结果, 但是需要 1000 次油藏模拟计算代价; PSO 算法与其他优化算法相比, 其收敛性及优化结果最差。

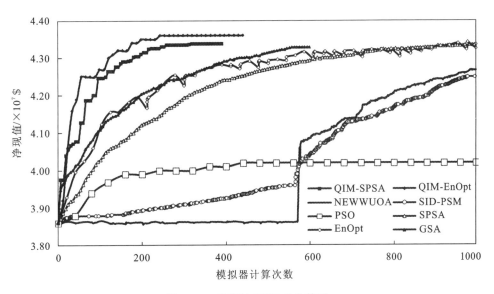

图 2-24 各算法 NPV 优化结果

表 2-4　　各优化算法收敛性对比

优化算法	模拟器计算次数	最终 NPV/ $\times 10^7$ \$
QIM-SPSA	391	4.343
QIM-EnOpt	441	4.360
NEWUOA	1000	4.268
SID-PSM	1000	4.249
PSO	1000	4.020
SPSA	1000	4.335
EnOpt	1000	4.356
GSA	600	4.336

　　图 2-25(图版 V ~ VI)和图 2-26 为基于 RC 方法和各无梯度算法所得开发方案进行生产得到的油藏第 2、3 小层剩余油饱和度分布图。可以看出,除去 PSO 算法外,其他各优化方法相比于 RC 方法均明显地改善了水驱波及效率,提高了油藏最终采收率。图 2-27 ~ 图 2-33(图版 VI ~ VIII)为各优化算法所得油水井的生产调控图,QIM-EnOpt 和 EnOpt 算法比 QIM-SPSA 和 SPSA 算法获得的最优控制方案更为平滑连续,而 PSO、NEWUOA 和 SID-PSM 算法所得生产调控方案则具有较强的波动性和随机性;从 QIM-EnOpt 和 EnOpt 算法优化调控方案来看,生产井 P1,P2 和 P3 在生产期内主要处于较高井底流压控制下,以抑制注入水的突破,而注水井 I1,I2,I3 和 I4 则主要趋向于较高的注入流量,生产井 P4,P5 和 P7 的井底流压较小,使地层原油主要在这 4 口注水井的驱动下最终从这 3 口生产井中采出。

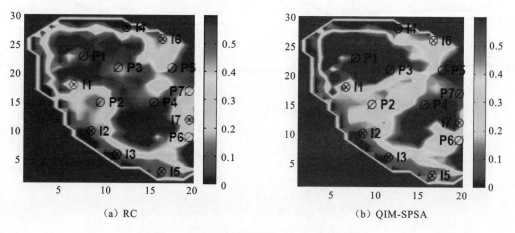

(a) RC　　　　　　　　　　　　　　　　(b) QIM-SPSA

图 2-25　各优化算法所得第 2 小层剩余油分布

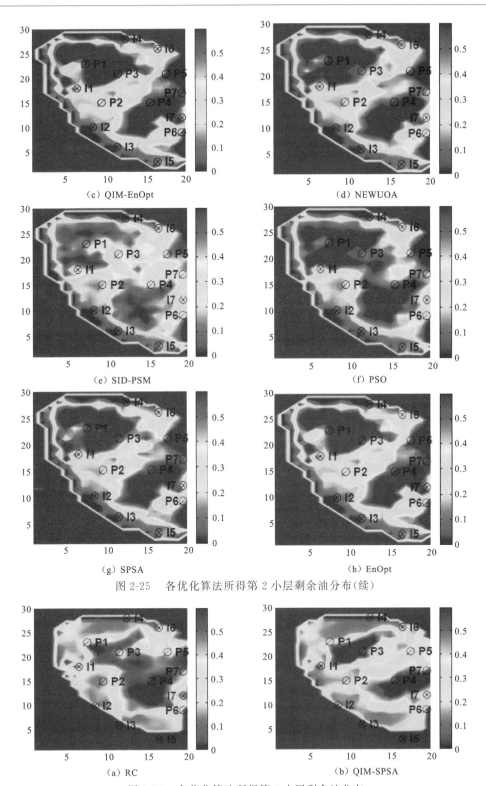

（c）QIM-EnOpt　　　　　　　　　　（d）NEWUOA

（e）SID-PSM　　　　　　　　　　　（f）PSO

（g）SPSA　　　　　　　　　　　　（h）EnOpt

图 2-25　各优化算法所得第 2 小层剩余油分布（续）

（a）RC　　　　　　　　　　　　　（b）QIM-SPSA

图 2-26　各优化算法所得第 3 小层剩余油分布

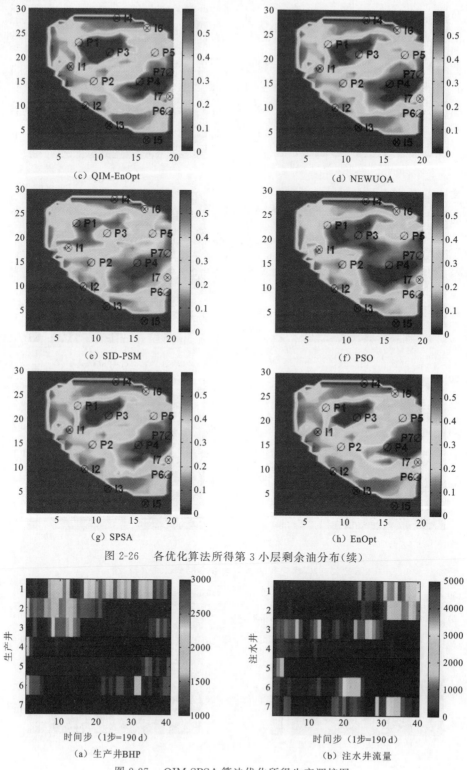

图 2-26　各优化算法所得第 3 小层剩余油分布（续）

（a）生产井BHP　　　　　　　（b）注水井流量

图 2-27　QIM-SPSA 算法优化所得生产调控图

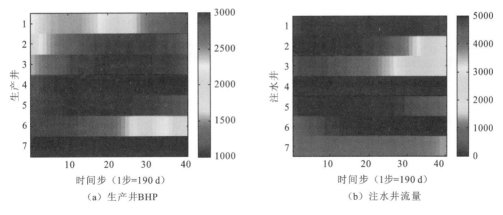

（a）生产井BHP （b）注水井流量

图 2-28 QIM-EnOpt 算法优化所得生产调控图

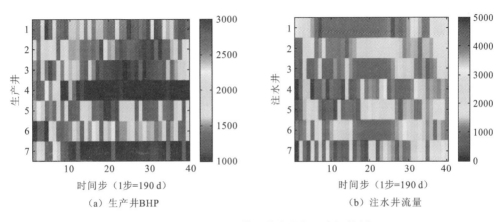

（a）生产井BHP （b）注水井流量

图 2-29 NEWUOA 算法优化所得生产调控图

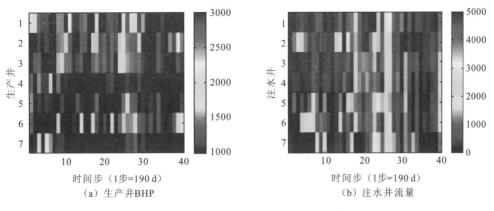

（a）生产井BHP （b）注水井流量

图 2-30 SID-PSM 算法优化所得生产调控图

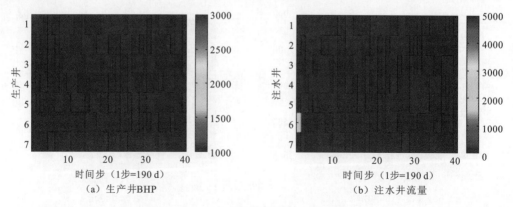

图 2-31　PSO 算法优化所得生产调控图

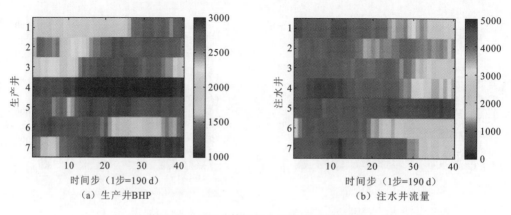

图 2-32　SPSA 算法优化所得生产调控图

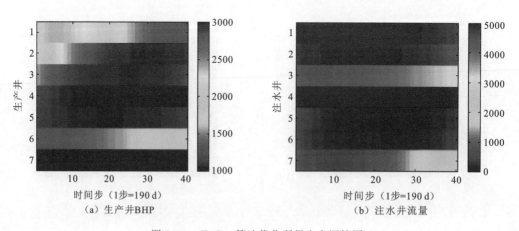

图 2-33　EnOpt 算法优化所得生产调控图

综合分析上述两个油藏测试实例,QIM-AG(QIM-EnOpt 和 EnOpt)算法相比其他无梯度优化方法,表现出收敛速度快、计算效率高等特点,并且给出了较高 NPV 优化结果。优化得到的最优控制方案相比 RC 方法有效地改善了注水开发效果,且便于现场实际操作和最优控制规律的分析。此外,QIM-AG 算法构建插值二次型所需的插值点数要远小于 NEWUOA 算法,且插值点个数不需要固定不变,利用信赖域算法可以高效地优化所建二次模型,因此,QIM-AG 算法为求解大规模油藏生产优化问题提供了一个比较好的选择。

第四节　油藏开发复杂约束生产优化

根据油藏开发生产的实际条件,一般需要对油藏生产优化问题进行约束优化求解。按照对约束条件的处理方法的不同,对约束最优化问题的求解,可分为两类(唐焕文等,2004;袁亚湘等,1999;Nocedal et al.,1999):直接法与间接法。所谓直接法,就是不作约束条件的转化,利用约束条件参与对问题求解的方法,主要有消元法、线性逼近法、投影梯度法等。间接法中,通常将"约束条件"转化成"无约束最优化问题"的求解方法,主要有罚函数法、增广拉格朗日函数法、序列二次规划算法等。

在直接法中,投影梯度法是目前解决油藏生产优化问题最为广泛和有效的方法,该方法(张光澄等,2005;姚恩瑜等,2001)是由 Rosen 在 1960 年提出来的,它的基本思想是,当迭代点在可行域的内部时,以该点的负梯度方向为下降可行方向;而当迭代点位于可行域的边界上且其梯度方向指向可行域外部时,则取它的负梯度方向在边界上的投影为下降可行方向,若这个投影为零向量,则停止迭代,得到问题的极小点。也可以说,投影梯度法就是最速下降法的一种约束近似方法。目前,投影梯度法对于线性约束生产优化问题,取得了较好的应用效果。但油藏实际生产中通常会碰到一些非线性约束条件,如对生产井进行流压控制,但要求其产液量满足一定的条件;或者是要求油田在最大化经济效益的同时,对其含水率或压力进行约束。投影梯度法对于解决上述非线性约束优化问题并不适用。此外,该方法还必须要求初始迭代点在可行域内,限制了其实际应用范围。

Chen 等(2010)最早采用了增广拉格朗日函数(augmented lagragian function)法对油藏生产优化问题进行了研究,该方法是间接法求解约束非线性最优化问题的一种具有代表性的解法。其将原约束优化问题转化为一系列无约束优化子问题,并以此一系列无约束优化子问题的解去逼近原约束优化问题的解。该方法的最大好处是不要求初始迭代点在可行域内,而且能够有效地处理各种非线性约束优化问题。

上述两种方法均是建立在伴随梯度求解方法的基础上的,尤其是对于增广拉格朗日函数法,其对非线性约束条件的梯度求解仍然需要通过伴随方法求解,加之非线性约束条件的多样性,大大增加了伴随梯度的计算的复杂性。为此,本书提出了基于 QIM-AG 算法的增广拉格朗日函数法对约束生产优化问题进行求解,其基本思路是通过增广拉格朗日乘子法将约束优化转变成无约束优化问题,再利用 QIM-AG 算法对该无约束优化问题进行求解。该方法中不涉及任何伴随梯度的计算,因此,极易处理各种线性和非线性约束条件,便于实际油藏开发生产优化问题的应用。

一、增广拉格朗日函数

在增广拉格朗日乘子法中(袁亚湘等,1999;Nocedal et al.,1999),将等式约束、不等式约束作为惩罚项与目标函数结合在一起构造增广拉格朗日函数,其表达式如下:

$$L_A[\boldsymbol{u},\lambda,\mu,\nu] = J - \sum_{i=1}^{n_e}\left[\lambda_{e,i}e_i(\boldsymbol{u},\boldsymbol{y},\boldsymbol{m}) + \frac{1}{2\mu}(e_i(\boldsymbol{u},\boldsymbol{y},\boldsymbol{m}))^2\right] - \sum_{j=1}^{n_c}\varphi_j(\boldsymbol{u},\boldsymbol{y},\boldsymbol{m})$$

$$(2\text{-}78)$$

其中,函数 $\varphi_j(\boldsymbol{u},\boldsymbol{y},\boldsymbol{m})$ 定义为

$$\varphi_j(\boldsymbol{u},\boldsymbol{y},\boldsymbol{m}) = \lambda_{c,j}[c_j(\boldsymbol{u},\boldsymbol{y},\boldsymbol{m}) + v_j] + \frac{1}{2\mu}[c_j(\boldsymbol{u},\boldsymbol{y},\boldsymbol{m}) + v_j]^2 \qquad (2\text{-}79)$$

式(2-78)、式(2-79)中:μ 为惩罚因子;$\lambda_{e,i}$ 为第 i 个等式约束条件对应的拉格朗日乘子;$\lambda_{c,j}$ 为第 j 个不等式约束条件对应的拉格朗日乘子;v_j 为引入的松弛变量,其主要是将不等式约束转化成等式约束。

将 L_A 关于松弛变量 v_j 求极值,则满足

$$\frac{\partial L_A}{\partial v_j} = -\frac{\partial \varphi_j}{\partial v_j} = -\lambda_{c,j} - \frac{1}{\mu}[c_j(\boldsymbol{u},\boldsymbol{y},\boldsymbol{m}) + v_j] = 0 \qquad (2\text{-}80)$$

求解式(2-80)可得关于松弛变量 v_j 的表达式为

$$v_j = -c_j(\boldsymbol{u},\boldsymbol{y},\boldsymbol{m}) - \mu\lambda_{c,j} \qquad (2\text{-}81)$$

由式(2-81),如果 $c_j(\boldsymbol{u},\boldsymbol{y},\boldsymbol{m}) > -\mu\lambda_{c,j}$,则松弛变量 v_j 为负数,此时,设定 v_j 等于其下限值,即 $v_j = 0$,将式(2-81)带入式(2-79)中,可得函数 φ_j 是关于不等式条件 c_j 的二次函数,即 $\varphi_j(\boldsymbol{u},\boldsymbol{y},\boldsymbol{m}) = \lambda_{c,j}c_j(\boldsymbol{u},\boldsymbol{y},\boldsymbol{m}) + \frac{1}{2\mu}[c_j(\boldsymbol{u},\boldsymbol{y},\boldsymbol{m})]^2$;否则,函数 φ_j 则为一常数,即 $\varphi_j(\boldsymbol{u},\boldsymbol{y},\boldsymbol{m}) = -\frac{\mu}{2}(\lambda_{c,j})^2$。

经过以上处理,显然可以将松弛变量消去,此时增广拉格朗日函数为

$$L_A[\boldsymbol{u},\lambda,\mu] = J - \sum_{i=1}^{n_e}\left\{\lambda_{e,i}e_i(\boldsymbol{u},\boldsymbol{y},\boldsymbol{m}) + \frac{1}{2\mu}[e_i(\boldsymbol{u},\boldsymbol{y},\boldsymbol{m})]^2\right\} - \sum_{j=1}^{n_c}\varphi_j(\boldsymbol{u},\boldsymbol{y},\boldsymbol{m})$$

$$(2\text{-}82)$$

其中,

$$\varphi_j(\boldsymbol{u},\boldsymbol{y},\boldsymbol{m}) = \begin{cases} -\dfrac{\mu}{2}(\lambda_{c,j})^2 & [c_j(\boldsymbol{u},\boldsymbol{y},\boldsymbol{m}) \leqslant -\mu\lambda_{c,j}] \\ \lambda_{c,j}c_j(\boldsymbol{u},\boldsymbol{y},\boldsymbol{m}) + \dfrac{1}{2\mu}[c_j(\boldsymbol{u},\boldsymbol{y},\boldsymbol{m})]^2 & [c_j(\boldsymbol{u},\boldsymbol{y},\boldsymbol{m}) > -\mu\lambda_{c,j}] \end{cases} \qquad (2\text{-}83)$$

二、求解步骤

使用增广拉格朗日函数法进行求解时,主要包括外循环和内循环两个过程。外循环根据违反约束的情况更新拉格朗日乘子和惩罚因子,并定义增广拉格朗日函数;内循环中本书主要采用 QIM-AG 算法对增广拉格朗日函数进行优化。本书在 Nocedal 等(1999) 的方法基础上,提出如下求解步骤。

(1) 设定初始参数取值 $\bar{\eta}, \mu_0 \leqslant 1, \tau < 1, \bar{\gamma} < 1, \alpha_\eta, \beta_\eta, \eta^*$,以及拉格朗日乘子 $\lambda_{e,i}^0$ $(i = 1, 2, \cdots, n_e), \lambda_{c,j}^0$ $(j = 1, 2, \cdots, n_c)$。令 $\alpha_0 = \min(\mu_0, \bar{\gamma}), \eta_0 = \bar{\eta}(\alpha_0)^{\alpha_\eta}$,外循环迭代步 $k = 0$;

(2) 建立增广拉格朗日函数 L_A^k,进入内循环并使用 QIM-AG 算法对 L_A^k 进行优化求解,直至同时满足如下收敛条件,得到当前最优控制 $\boldsymbol{u}_{\text{opt}}^l$,其中,$l$ 为内循环迭代次数序号:

$$\frac{\left| L_A(\boldsymbol{u}_{\text{opt}}^l) - L_A(\boldsymbol{u}_{\text{opt}}^{l-1}) \right|}{L_A(\boldsymbol{u}_{\text{opt}}^{l-1})} \leqslant \xi_1 \tag{2-84}$$

$$\frac{\| \boldsymbol{u}_{\text{opt}}^l - \boldsymbol{u}_{\text{opt}}^{l-1} \|}{\max(\| \boldsymbol{u}_{\text{opt}}^{l-1} \|, 1.0)} \leqslant \xi_2 \tag{2-85}$$

(3) 令违反约束变量 $c_v = \max_{1 \leqslant i \leqslant n_e}(|e_i|) + \max_{1 \leqslant i \leqslant n_c}(0, c_j)$,根据 c_v 违反约束情况更新相关参数,如果 $c_v \leqslant \eta_k$,则有

$$\lambda_{e,i}^{k+1} = \lambda_{e,i}^k + \frac{e_i}{\mu_k} \tag{2-86}$$

$$\lambda_{c,i}^{k+1} = \max\left(0, \lambda_{c,i}^k + \frac{c_i}{\mu_k}\right) \tag{2-87}$$

$$\mu_{k+1} = \mu_k \tag{2-88}$$

$$\alpha_{k+1} = \mu_{k+1} \tag{2-89}$$

$$\eta_{k+1} = \eta_k \alpha_{k+1}^{\beta_\eta} \tag{2-90}$$

如果 $c_v > \eta_k$,则有

$$\lambda_{e,i}^{k+1} = \lambda_{e,i}^{k+1} \tag{2-91}$$

$$\lambda_{c,i}^{k+1} = \lambda_{c,i}^k \tag{2-92}$$

$$\mu_{k+1} = \tau\mu_k \tag{2-93}$$

$$\alpha_{k+1} = \mu_{k+1} \bar{\gamma} \tag{2-94}$$

$$\eta_{k+1} = \bar{\eta} \alpha_{k+1}^{\beta_\eta} \tag{2-95}$$

(4) 如果 $c_v \leqslant \eta^*$,则表示所得最优控制满足约束条件,算法停止;否则,外循环迭代步 $k = k+1$,重复以上求解过程。

可以看出,在增广拉格朗日乘子法中,主要通过判断违反约束的情况 c_v 来改变增广拉格朗日函数 L_A。当 $c_v > \eta_k$ 时,表明当前违反约束严重,通过降低惩罚因子 μ 来增大约束惩罚项在 L_A 中的比重,使优化的搜索方向更倾向于满足约束条件;当 $c_v \leqslant \eta_k$ 时,说明当前惩罚因子 μ 比较合适,违反约束程度较低,应当保持 μ 不变。但在上述两种情况下,约束违反

允许参数 η_k 都是逐渐降低的,以保证优化得到的最优控制变量更逼近原问题的最优解。

计算实例如下。

此处主要基于前述二维多孔道油藏模型进行约束生产优化研究,在优化过程中,除考虑边界约束外,还要求各控制时间内总的日注水量(FWIR)不超过 2250 STB/d 以及油藏含水率(FWCT)低于 0.85,因此,该生产优化中同时包含了线性约束和非线性约束条件,两种约束个数均为 10 个。考虑以油藏最终累计产油量(FOPT)作为目标函数,即相当于原油价格为 1.0 \$/STB,注水、产水成本价格均为 0 \$/STB,年利率为 0。

应用增广拉格朗日函数法对该油藏进行了生产优化,优化前注水井注入速度恒为 250 STB/d,生产井 BHP 恒为 2000 psi。油藏含水率值远小于区块日注水量,因此,优化过程中对两种约束条件均进行了归一化处理。设定初始惩罚因子 $\mu_0 = 0.00005$,拉格朗日乘子 $\lambda_{c,j}^0 = 0.0(j = 1,2,\cdots,10)$;初始参数 $\bar{\eta} = 20.0, \tau = 0.1, \gamma = 0.5, \alpha_\eta = 0.5, \beta_\eta = 0.5$, $\eta^* = 10.0$。优化中 QIM-AG 算法在每个内循环迭代步使用 5 次随机扰动计算来求取平均梯度,最终经过 241 次油藏模拟计算收敛,其计算结果如图 2-34 所示。

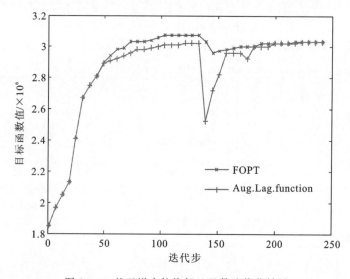

图 2-34　　基于增广拉格朗日函数法优化结果

该图显示了优化过程中目标函数 FOPT 以及增广拉格日函数的变化情况,当 FOPT 值与增广拉格朗日函数值相同时,则说明约束没有违反。可以看出,整个优化过程主要经过了 3 个外循环,第 1 次外循环约在第 133 次模拟计算时收敛,此时由于违反约束程度比较严重,在进入第 2 次外循环时,增广拉格郎日函数有比较大的下降,以使优化朝向满足约束条件的方向搜索;第 2 次外循环在第 163 次油藏模拟计算时收敛,此时约束违反程度明显降低,而后又经过约 80 次模拟计算,整个优化过程逐步收敛,并满足所有约束条件。优化后油藏累积产油量从优化前的 1.823×10^6 STB,提高到 3.04×10^6 STB,增加了近 67%。

经过优化后油藏整个开发过程中含水率及日注入量的变化如图 2-35 和图 2-36 所示。显

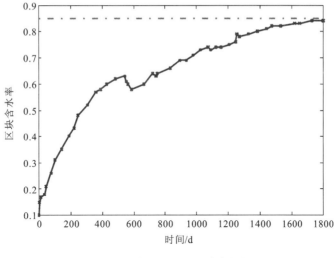

图 2-35　优化后区块含水率变化

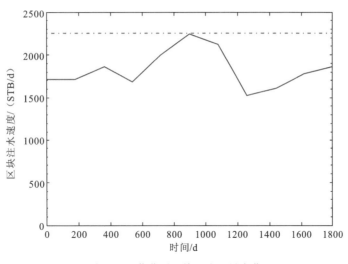

图 2-36　优化后区块日注入量变化

然,区块含水率在每个控制步内始终低于 0.85,区块日注水量也始终低于 2250 STB,优化结果均满足所有线性和非线性约束条件。因此,利用 QIM-AG 算法结合增广拉格朗日函数法进行约束生产优化问题的求解是可行的,而且该方法能够灵活处理各种非线性约束条件。

图 2-37 显示出了优化前后的油藏剩余油分布,优化前区块日注水量始终维持在2250 STB,在较高的注入速度下由于高渗孔道的存在,油藏注入水突破后,含水率上升较快,难以有效驱替地层原油,造成油藏的水驱波及系数较低;经过优化后,由于对注入水量及含水率进行了约束,显然所得生产方案能够更为有效地抑制注入水的指进,提高了水驱波及系数。经过优化所得最优生产调控如图 2-38 和图 2-39(图版 VIII)所示,其中,生产井Pro3 在大部分时间内均处于较高井底流压控制下(几乎关井),生产井 Pro4 和 Pro2 主要

在生产晚期井底流压较高,以抑制含水率的上升,而 Pro1 井则始终以较高的产液速度生产;注水井 Inj6,Inj7 和 Inj9 注入速度较高,其余注水井的注入速度较低。

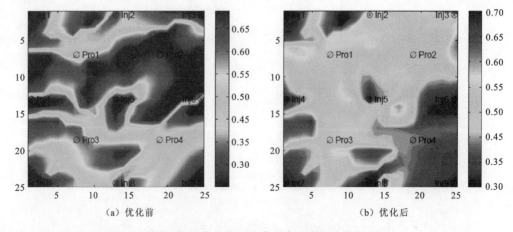

(a) 优化前　　　　　　　　　　　　　　(b) 优化后

图 2-37　优化前后油藏剩余油饱和度分布

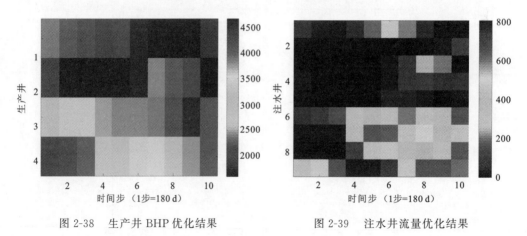

图 2-38　生产井 BHP 优化结果　　　　　　图 2-39　注水井流量优化结果

第五节　油藏开发鲁棒生产优化

前述生产优化研究均是以单模型油藏为基础的,这种方式也称为常规生产优化(Chen et al.,2011;van Essen et al.,2009)(nominal optimization,NO)。当油藏模型为确定性模型时,显然采用这种优化方式对油藏生产实施优化控制,能够有效地改善其开发效果,提高经济效益。但在实际生产过程中,所建油藏模型并不能完全真实地反映油藏的实际情况,因此,基于单一油藏模型进行生产优化所得控制方案不一定是最优的,甚至有可能会导致比常规开发方案更差的开发效果。为此,为了降低油藏生产优化结果的风险性,本节重点讨论了一种新的基于多油藏模型的生产优化策略为鲁棒优化(Chen et al.,2011;van

Essen et al.，2009；Yeten et al.，2002；袁亚湘等，1999）（robust optimization，RO）。

鲁棒优化方法已广泛应用于过程控制、数学规划及金融投资等各个领域，该方法（Srinivasan et al.，2003；Terwiesch et al.，1998）是将模型参数的不确定性考虑到优化设计中，其优化过程通常是在一组随机模型的基础上进行的，这些模型能够反映真实模型的统计特征和信息，因此，最终优化所得方案可以和系统的不确定性相匹配，在一定程度上保证了结果的可靠性和鲁棒性。对于油藏生产优化问题，van Essen 等基于伴随梯度方法进行了鲁棒优化研究，其计算过程过于复杂。由于受到模拟器的限制不利于现场实际应用；Chen 等（2009a，b）首次提出了 EnOpt 算法并将其应用到鲁棒生产优化研究中，作为一种无梯度优化方法，EnOpt 算法在英国北海 Brugge 油田闭环生产管理测试中取得了很好的应用效果。本节重点基于前面所提出的 QIM-AG 算法进行鲁棒优化的研究，并将其优化结果与基于单油藏模型生产优化结果进行对比分析。

对于油藏生产系统而言，油藏模型本身存在较强的不确定性，因此，要提高油藏生产优化的效果不外乎有两种策略：一是降低油藏模型本身的不确定性，加深对油藏地质情况的认识；二是减小优化结果对油藏模型不确定性的敏感程度，提高优化方案的可靠性。对于第一种策略，可以采用历史拟合方法，通过拟合实际生产观测数据，反演和修正所建油藏模型参数，提高油藏描述的精度。

第二种策略即属于本章重点讨论的范围，van Essen 等（2009）研究得出通过鲁棒优化方法，可以有效地降低优化结果对于油藏模型本身的依赖性，提高了优化方案的可靠性，从而尽可能地减小油藏开发生产的风险性。在鲁棒优化方法中，首先要根据油藏模型地质特征和先验信息，生成多个油藏模型的实现（realization），然后以这些模型实现性能指标函数的某个数学特征（如数学期望）建立目标函数，最终通过优化该目标函数来确定最优控制方案。

一、基本原理

基于地质统计学方法生成 N_e 个反映油藏特征的模型实现，根据式（2-4）所示的性能指标函数（NPV），则对于第 k 个油藏模型实现其对应的性能指标为

$$J_k(\boldsymbol{u}, y_k, m_k) = \sum_{n=1}^{L} \left[\sum_{j=1}^{N_P} (r_o q_{o,j,m_k}^n - r_w q_{w,j,m_k}^n) - \sum_{i=1}^{N_I} r_{wi} q_{wi,j,m_k}^n \right] \frac{\Delta t^n}{(1+b)^{t^n}} \qquad (2\text{-}96)$$

式中：m_k 为第 k 个油藏模型实现，$k = 1, 2, \cdots, N_e$；J_k 为模型 m_k 所对应的 NPV 值；q_{o,j,m_k}^n 为模型 m_k 中第 j 口生产井 n 时刻的平均产油速率，STB/d；q_{w,j,m_k}^n 为模型 m_k 中第 j 口生产井 n 时刻的平均产水速度，STB/d；q_{wi,j,m_k}^n 为第 i 口注水井 n 时刻的平均注水量，STB/d；其他参数含义与式（2-4）中参数含义相同。

对于鲁棒生产优化问题，这里选择函数 J_k 的数学期望作为优化目标函数求取极大值，结合约束条件其可最终描述为

$$\max J_{\mathrm{ro}} = E[J_k(\boldsymbol{u}, y_k, m_k)] = \frac{1}{N_e} \sum_{k=1}^{N_e} J_k(\boldsymbol{u}, y_k, m_k) \tag{2-97}$$

约束条件为

$$e_i(\boldsymbol{u}, y_k, m_k) = 0 \quad (i = 1, 2, \cdots, n_e) \tag{2-98}$$

$$c_j(\boldsymbol{u}, y_k, m_k) \leqslant 0 \quad (j = 1, 2, \cdots, n_c) \tag{2-99}$$

$$\boldsymbol{u}^{\mathrm{low}} \leqslant \boldsymbol{u} \leqslant \boldsymbol{u}^{\mathrm{up}} \tag{2-100}$$

对于式(2-97)所示的极大值问题,这里主要采用 QIM-AG 算法进行求解。显然期望值 J_{ro} 与其他性能指标函数 J_k 为线性关系,因此,J_{ro} 对控制变量 $\boldsymbol{u}$ 梯度$\nabla J_{\mathrm{ro}}(\boldsymbol{u})$ 可表示为

$$\nabla J_{\mathrm{ro}}(\boldsymbol{u}) = \frac{1}{N_e} \sum_{k=1}^{N_e} \nabla J_k(\boldsymbol{u}) \tag{2-101}$$

式中:$\nabla J_k(\boldsymbol{u})$ 为模型 m_k 所对应性能指标函数 J_k 对控制变量 $\boldsymbol{u}$ 的梯度。由此,在 QIM-AG 算法中,在第 l 个迭代步利用 SPSA 算法所获得梯度估为

$$\hat{g}_{\mathrm{ro}}^l(\boldsymbol{u}_{\mathrm{opt}}^l) = \frac{1}{N_e} \sum_{k=1}^{N_e} \hat{g}_k^l(\boldsymbol{u}_{\mathrm{opt}}^l) \tag{2-102}$$

式中:$\hat{g}_k^l(\boldsymbol{u}_{\mathrm{opt}}^l)$ 为模型 m_k 在最优点 $\boldsymbol{u}_{\mathrm{opt}}^l$ 所对应的 SPSA 梯度,其表达式为

$$\hat{g}_k^l(\boldsymbol{u}_{\mathrm{opt}}^l) = \frac{J_k(\boldsymbol{u}_{\mathrm{opt}}^l + \varepsilon_1 \boldsymbol{\Delta}_l^{m_k}) - J_k(\boldsymbol{u}_{\mathrm{opt}}^l)}{\varepsilon_l} \times \boldsymbol{\Delta}_l^{m_k} \tag{2-103}$$

式中:$\boldsymbol{\Delta}_l^{m_k}$ 为模型 m_k 对应的 N_u 维随机扰动向量。

采用式(2-102)和式(2-103)计算梯度估计最大优势是每一个模型实现的 SPSA 梯度可以单独计算,因此,这种处理方法特别适合进行并行运算。

在考虑约束条件下,可应用增广拉格郎日函数法对约束条件进行处理,由式(2-82)得

$$L_A[\boldsymbol{u}, \lambda, \mu] = J_{\mathrm{ro}} - \sum_{i=1}^{n_e} \left\{ \lambda_{e,i} e_i(\boldsymbol{u}, y_k, m_k) + \frac{1}{2\mu} [e_i(\boldsymbol{u}, y_k, m_k)]^2 \right\} - \sum_{j=1}^{n_c} \varphi_j(\boldsymbol{u}, y_k, m_k) \tag{2-104}$$

令函数 $\beta_A(\boldsymbol{u}, \lambda, \mu)$ 表示 L_A 中的惩罚项部分,此时在内循环第 l 个迭代步所得 L_A 的 SPSA 梯度为

$$\hat{\nabla} L_A(\boldsymbol{u}_{\mathrm{opt}}^l) = \hat{g}_{\mathrm{ro}}^l(\boldsymbol{u}_{\mathrm{opt}}^l) + \hat{\boldsymbol{V}} \beta_A(\boldsymbol{u}_{\mathrm{opt}}^l) \tag{2-105}$$

式中:$\hat{\boldsymbol{V}} L_A(\boldsymbol{u}_{\mathrm{opt}}^l)$ 为 L_A 在 $\boldsymbol{u}_{\mathrm{opt}}^l$ 处的 SPSA 梯度;$\hat{\boldsymbol{V}} \beta_A(\boldsymbol{u}_{\mathrm{opt}}^l)$ 为 β_A 在 $\boldsymbol{u}_{\mathrm{opt}}^l$ 处的 SPSA 梯度。

在获得近似梯度估计后,就可以根据 QIM-AG 算法基本原理构造插值二次型,进而利用信赖域算法对二次型进行优化,不断更新控制变量目标函数直至收敛,其他计算过程不再赘述。

二、计算实例

基于地质统计学方法并利用 Petrel 软件,以前述优化中使用的二维多孔道油藏模型

为原型生成了 50 个油藏模型实现。除油藏渗透率不同外,所有实现的网格尺寸大小、初始油藏条件、井网方式及生产优化基本参数等与前述二维多孔道油藏模型完全一致。其中,所生成的部分油藏模型实现的渗透率分布如图 2-40 所示。

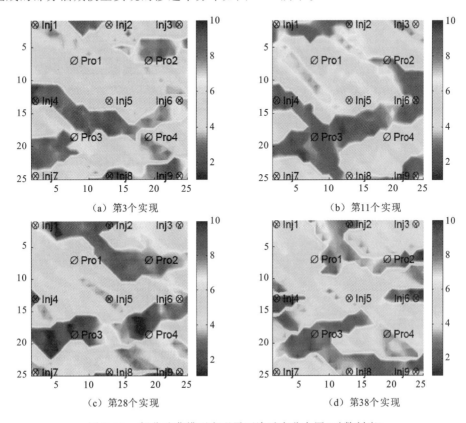

（a）第3个实现　　　　　　　　　　　　（b）第11个实现

（c）第28个实现　　　　　　　　　　　　（d）第38个实现

图 2-40　部分油藏模型实现平面渗透率分布图(对数刻度)

优化中仅考虑边界约束,利用 QIM-AG 算法对该实例进行了鲁棒生产优化求解,计算所得不同迭代步内 NPV 结果如图 2-41 所示。其中,"黑色粗线"表示模型平均 NPV 的变化,"灰色曲线"表示各个模型实现 NPV 的变化。显然,经过优化后,所得生产方案使各个油藏实现的 NPV 均比优化前有了一定程度的提高,平均 NPV 也从优化前的 4.18×10^7 \$ 提高到 6.32×10^7 \$,增加幅度达 51.1%。

对于该油藏实例,除进行鲁棒生产优化外,这里还分别对每一个油藏模型实现进行了常规生产优化（NO）,并通过概率统计方法与 RC 生产策略结果进行了对比,如图 2-42 和图 2-43 所示。其中,"黑色粗线"表示利用鲁棒优化方法得到生产方案,将方案带入 50 个模型中计算其 NPV 值,并统计得到的 NPV 概率或累积概率分布曲线;"黑色虚线"表示每个模型实现分别按照 RC 策略进行生产而统计得到的 NPV 概率或累积概率分布曲线;"灰色曲线"共有 50 条,每一条曲线对应着某一个模型实现进行常规生产优化（NO）后,按照其优化所得方案进行生产所统计得到 NPV 概率或累积概率分布曲线。

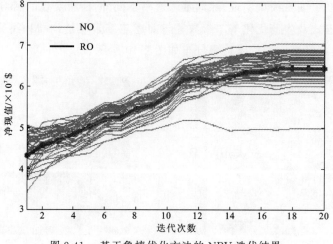

图 2-41   基于鲁棒优化方法的 NPV 迭代结果

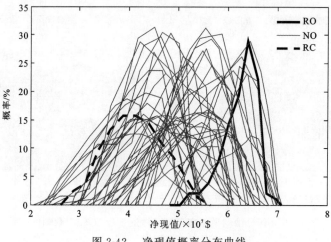

图 2-42   净现值概率分布曲线

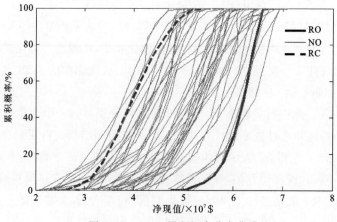

图 2-43   NPV 累积概率分布曲线

　　从概率分布曲线可以看出,按照 RO 优化方案生产时,其最大概率对应的 NPV 值要明显高于基于 RC 生产所对应的结果,且在相同概率分布下 RO 方案获得经济效益较高。RO 方案所示的 NPV 累积概率分布曲线比 RC 方案明显偏向于右侧,取 NPV 为 5.1×10^7 \$ 所对应的累积概率值可以发现,仅有不到 2% 的油藏模型按照 RO 方案生产时所得 NPV 低于该值,而有近 93% 的油藏模型按照 RC 方案生产时所得 NPV 低于该值,因此,从概率意义上来讲,RO 方法所得优化方案要优于 RC 方案,其获得较高经济效益的可能性最大。另外,按照 NO 方法对所有模型实现进行优化后,某些模型对应的开发方案也具有较好的鲁棒性,但是其需要的油藏模拟计算代价过大,难以满足实际工程应用要求。表 2-5 显示了不同生产策略下的概率分布曲线的某些数学特征,RO 生产方案对应的最小 NPV 值、最大 NPV 值及平均 NPV 值均大于 RC 及基于平均模型的 NO 方案对应的结果。RO 生产方案的平均 NPV 值(6.32×10^7 \$)比 RC 生产方案结果提高了 42.67%,比基于平均模型的 NO 方案结果提高了 21.96%,且 RO 方案所对应的方差最小,仅为 0.348×10^7 \$,而 RC 方案对应的方差最大,因此,采用 RO 方法能够减小优化结果对油藏模型不确定性的敏感程度,提高优化方案的可靠性。

表 2-5　各生产策略计算结果对比

生产策略	最小 NPV/$\times 10^7$ \$	最大 NPV/$\times 10^7$ \$	平均 NPV/$\times 10^7$ \$	方差 /$\times 10^7$ \$
RC	2.657	5.614	4.430	0.575
RO	4.736	7.010	6.320	0.348
NO(平均模型)	3.927	6.243	5.182	0.433

　　基于 RO 方法所得生产调控方案如图 2-44 和图 2-45(图版 IX)所示。由图可知,生产井 Pro3 主要处于较低 BHP 控制下,注水井 Inj3 则趋于较高的注入流量。图 2-46～图 2-49 显示了部分油藏模型实现采用 RC 和 RO 策略下生产所得的油藏剩余油分布,显然 RO 生产方案下各油藏模型实现的水驱波及系数比 RC 策略下的水驱波及系数有了一定程度的提高,表明该方法能够在兼顾油藏模型不确定性的基础上提高注水开发效果。

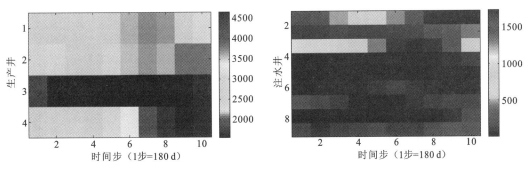

图 2-44　生产井 BHP 优化结果　　　　　图 2-45　注水井流量优化结果

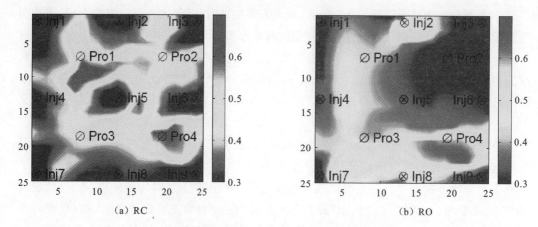

图 2-46 第 3 个实现基于 RC、RO 方法所得剩余油分布

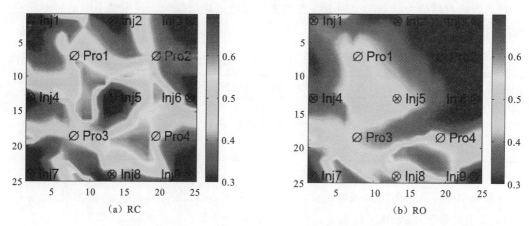

图 2-47 第 11 个实现基于 RC、RO 方法所得剩余油分布

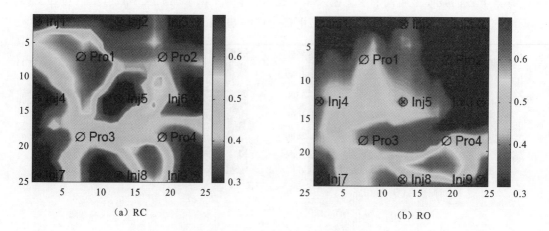

图 2-48 第 28 个实现基于 RC、RO 方法所得剩余油分布

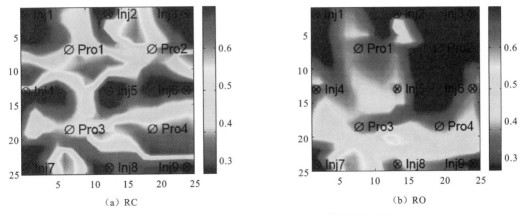

图 2-49　第 38 个实现基于 RC、RO 方法所得剩余油分布

　　综合以上研究可以看出,基于鲁棒生产优化方法所得开发方案,在一定程度上考虑了油藏模型的不确定性,该实例中各个油藏实现的 NPV 均比优化前有了不同幅度的提高。从概率上讲,鲁棒优化能够给出比较好的开发方案估计,减小油藏开发生产的风险性,提高优化方案的可靠性和鲁棒性。利用 QIM-AG 算法进行鲁棒优化,突破了油藏模拟器对于伴随梯度的计算依赖。但鲁棒优化的计算代价较大,与使用的油藏模型实现的个数有关,在该实例中共经过 20 个迭代步收敛,而在每个迭代步需要 100 次油藏模拟计算(50 次模拟计算来获取梯度、50 次模拟计算来获取平均 NPV 值),所以该实例共需要近 2000 次油藏模拟计算,因此,实际油藏鲁棒生产优化中可采用并行计算来提高计算效率。

第六节　本 章 小 结

　　生产动态实时优化是油藏开发闭环生产优化控制中的核心环节之一。本章在建立油藏开发最优控制模型的基础上,介绍了无约束生产优化、约束生产优化以及鲁棒生产优化三类优化问题,并利用多种无梯度优化算法对无约束生产优化进行求解对比,利用 QIM-AG 算法对油藏约束生产优化问题及考虑多模型的鲁棒生产优化问题进行了求解,验证了方法的有效性。

第三章 油藏数值模拟自动历史拟合方法

油藏数值模拟历史拟合指的是一个参数调整的过程(Asheim,1986):油藏工程师首先根据不同的油藏开发类型选择好数值模拟模型以后,以所取的地层静态参数为基础来计算油藏开发过程中主要动态指标变化的历史,将模拟计算的结果与实际测量的主要动态指标,如压力、含水率、气油比等进行对比,如果两者差异较大,则说明模拟所用的地层参数不符合油藏的实际情况,需要对其作相应的修改,用修改后的参数再去计算并进行对比,如果对比结果不满意,则继续修改和模拟计算,直到计算结果与实际测量值比较接近为止。可见,通过历史拟合能够进一步降低油藏地质参数的不确定性、提高对油层地下流体分布及油藏未来动态变化的认识。

在历史拟合过程中,井间的孔隙度、渗透率、断层、裂缝等对流体流动产生很大的影响,但这些参数只能通过井点测量值间接得到。这给地质模型带来了许多不确定性因素,因此,可调模型参数的自由度就很大。采用人工历史拟合需要大量的拟合经验并取决于个人的判断。不同的人所选择的参数不同,调整的幅度也不同,其结果是,历史拟合结果往往带有随机性,即多解性,拟合结果不唯一,很难确定地层实际情况,且拟合过程艰苦烦琐,耗费大量的人力与机时,难以取得最好的拟合结果。因此,目前针对油藏模拟自动拟合方法的研究已得到了油藏工作者的普遍关注。

自动历史拟合是以降低实际油藏与所建地质模型的动态变化的差异为目标,利用最优化方法,以计算机为手段,来自动修正和确定模型的参数和结构,使修正后的地质模型与实际油藏情况更加吻合的方法(路勇,2001)。自动历史拟合也是油藏闭环生产管理的一个重要阶段,可以为下一步进行油藏生产优化方案的制定打下良好的基础。本节根据贝叶斯统计理论建立了油藏模拟历史拟合数学模型,并分别基于无梯度优化方法和数据同化方法对历史拟合问题进行了求解,为进行大规模油藏自动历史拟合问题的研究提供了新思路。

第一节 自动历史拟合数学模型

油藏模拟历史拟合属于典型的反问题,其主要是通过拟合实际生产观测数据来不断地更新油藏地质参数,最终获得合适的油藏模型估计。对于油藏生产系统而言,实际观测数据往往远小于系统的输入(地质参数),因此,得到同样的历史拟合结果可能存在多个油藏模型实现,即存在多解性,为此如何在符合先验地质统计信息的条件下,满足一定的拟合效果才是解决该问题的关键。从统计意义上说,反问题的解通常符合一定的概率分布。在这里,基于贝叶斯理论(Oliver et al.,2008;Oliver,1996)来确定油藏模拟历史拟合问题的目标函数,该方法既满足了其数学上的正确性,又具有概率上的统计意义。

　　油藏中的静态参数，如孔隙度和渗透率等，可认为是符合某种概率分布的随机变量，在实际应用中多数认为其符合多元高斯型分布，其概率分布函数（probability density function，PDF）满足：

$$p(\boldsymbol{m}) \propto \exp\left\{-\frac{1}{2}\left[\boldsymbol{m}-\boldsymbol{m}_{\mathrm{pr}}\right]^{\mathrm{T}}\boldsymbol{C}_{\mathrm{M}}^{-1}(\boldsymbol{m}-\boldsymbol{m}_{\mathrm{pr}})\right\} \tag{3-1}$$

式中：$\boldsymbol{m}$ 为由油藏参数组成的 N_m 维向量，如孔隙度、渗透率及饱和度等参数；$\boldsymbol{m}_{\mathrm{pr}}$ 为先验油藏模型估计（prior mean model）；$\boldsymbol{C}_{\mathrm{M}}$ 为模型参数的协方差矩阵，$\boldsymbol{C}_{\mathrm{M}} \in \boldsymbol{R}^{N_m \times N_m}$。$\boldsymbol{C}_{\mathrm{M}}$ 主要是基于对油藏参数的认识通过地质学方法构建，其对角元素恰好为各油藏参数的方差。

　　假设油田实际生产观测数据 $\boldsymbol{d}_{\mathrm{obs}}$ 与油藏模型参数 $\boldsymbol{m}$ 之间存在如下关系：

$$\boldsymbol{d}_{\mathrm{obs}} = g(\boldsymbol{m}) + \varepsilon_{\mathrm{r}} \tag{3-2}$$

式中：$\boldsymbol{d}_{\mathrm{obs}}$ 为 N_{d} 维向量，其包含实际观测数据，如含水率、产油量、压力等；g 为油藏系统，这里主要是指油藏数值模拟器；ε_{r} 为测量误差，一般符合均值为 0，协方差矩阵为 $\boldsymbol{C}_{\mathrm{D}}$ 的高斯型概率分布，即 $\varepsilon_{\mathrm{r}} \sim N(0, \boldsymbol{C}_{\mathrm{D}})$。

　　根据统计学原理，观测数据 $\boldsymbol{d}_{\mathrm{obs}}$ 在给定油藏模型参数 $\boldsymbol{m}$ 下的条件概率分布函数满足：

$$\begin{aligned} p(\boldsymbol{d}_{\mathrm{obs}} \mid \boldsymbol{m}) &= p[\varepsilon_{\mathrm{r}} = \boldsymbol{d}_{\mathrm{obs}} - g(\boldsymbol{m})] \\ &\propto \exp\left\{-\frac{1}{2}\left[\boldsymbol{d}_{\mathrm{obs}} - g(\boldsymbol{m})\right]^{\mathrm{T}}\boldsymbol{C}_{\mathrm{D}}^{-1}\left[\boldsymbol{d}_{\mathrm{obs}} - g(\boldsymbol{m})\right]\right\} \end{aligned} \tag{3-3}$$

基于贝叶斯理论，油藏参数 $\boldsymbol{m}$ 在给定观测数据 $\boldsymbol{d}_{\mathrm{obs}}$ 下的条件概率变为

$$\begin{aligned} &p(\boldsymbol{m} \mid \boldsymbol{d}_{\mathrm{obs}}) \\ &\propto p(\boldsymbol{d}_{\mathrm{obs}} \mid \boldsymbol{m})p(\boldsymbol{m}) \\ &\propto \exp\left\{-\frac{1}{2}\left[\boldsymbol{d}_{\mathrm{obs}} - g(\boldsymbol{m})\right]^{\mathrm{T}}\boldsymbol{C}_{\mathrm{D}}^{-1}\left[\boldsymbol{d}_{\mathrm{obs}} - g(\boldsymbol{m})\right] - \frac{1}{2}(\boldsymbol{m}-\boldsymbol{m}_{\mathrm{pr}})^{\mathrm{T}}\boldsymbol{C}_{\mathrm{M}}^{-1}(\boldsymbol{m}-\boldsymbol{m}_{\mathrm{pr}})\right\} \end{aligned} \tag{3-4}$$

　　对于油藏模拟历史拟合问题，就是要得到使式（3-4）满足最大概率估计的油藏参数 $\boldsymbol{m}$。换句话说，就是如何求解 $\boldsymbol{m}$ 使下面的目标函数 $O(\boldsymbol{m})$ 取得最小值，此时所得的油藏参数 $\boldsymbol{m}$ 称为最大后验（maximum a posteriori，MAP）估计。

$$O(\boldsymbol{m}) = \frac{1}{2}\left[\boldsymbol{m}-\boldsymbol{m}_{\mathrm{pr}}\right]^{\mathrm{T}}\boldsymbol{C}_{\mathrm{M}}^{-1}(\boldsymbol{m}-\boldsymbol{m}_{\mathrm{pr}}) + \frac{1}{2}\left[\boldsymbol{d}_{\mathrm{obs}} - g(\boldsymbol{m})\right]^{\mathrm{T}}\boldsymbol{C}_{\mathrm{D}}^{-1}(\boldsymbol{d}_{\mathrm{obs}} - g(\boldsymbol{m})) \tag{3-5}$$

　　可见，由式（3-5）所得到的解（MAP 估计）不仅与先验模型估计尽量吻合，同时还能拟合实际生产观测数据。因此，基于贝叶斯理论得出的目标函数将观测数据和先验地质信息相结合，所得出的模型参数更符合油藏实际地质统计规律。

第二节　参数降维法

　　对于实际油藏历史拟合问题而言，所需反演的油藏参数的维数 N_m 通常数以万计，这对于目标函数 $O(\boldsymbol{m})$ 的优化是极其困难的，而且操作矩阵 $\boldsymbol{C}_{\mathrm{M}}^{-1}(\boldsymbol{m}-\boldsymbol{m}_{\mathrm{pr}})$ 所需的计算代价在实际应用中也难以承受。为此，本书提出了一种基于初始多模型实现的参数变换方法

(parameterization method)，该方法可近似地对历史拟合问题目标函数进行降维处理，有效地避免了矩阵 C_{M}^{-1} 和 $C_{\mathrm{M}}^{-1}(m-m_{\mathrm{pr}})$ 的计算，为大规模油藏历史拟合问题提供了新的思路。

一、基本原理

首先基于地质统计学方法生成 N_e 个符合均值为 m_{pr} 初始油藏模型实现 m_j（$j=1$，$2,\cdots,N_e$），这些模型可由地质师基于先验地质信息给出。对于大规模油藏历史拟合问题，通常有 $N_e\ll N_m$，则初始模型的平均模型为

$$\overline{m}=\frac{1}{N_e}\sum_{j=1}^{N_e}m_j\approx m_{\mathrm{pr}} \tag{3-6}$$

根据协方差的定义，初始模型协方差矩阵可近似计算为

$$C_{\mathrm{M}}=\frac{1}{N_e-1}\sum_{j=1}^{N_e}(m_j-\overline{m})\left[m_j-\overline{m}\right]^{\mathrm{T}}=\frac{1}{N_e-1}\delta M\delta M^{\mathrm{T}} \tag{3-7}$$

式中：δM 为 $N_m\times N_e$ 维矩阵，其第 j 列向量为 $(m_j-\overline{m})$。对矩阵 δM 进行奇异值分解(SVD)可得

$$\delta M=U\Lambda V^{\mathrm{T}} \tag{3-8}$$

式中：$U\in R^{N_m\times N_m}$；$V\in R^{N_e\times N_e}$；$\Lambda\in R^{N_m\times N_e}$；对角阵 Λ 的对角元素为 δM 的奇异值，U 和 V 中列向量分别为 δM 的奇异向量；此时，协方差矩阵 C_{M} 变为

$$C_{\mathrm{M}}\approx\frac{1}{N_e-1}U\Lambda V^{\mathrm{T}}V\Lambda^{\mathrm{T}}U^{\mathrm{T}} \tag{3-9}$$

由于 $V^{\mathrm{T}}V=I_{N_e}$，则有

$$C_{\mathrm{M}}\approx\frac{1}{N_e-1}U\Lambda\Lambda^{\mathrm{T}}U^{\mathrm{T}} \tag{3-10}$$

如果仅考虑 Λ 中非零的奇异值，设其个数为 N_p（$N_p<N_e$），则 C_{M} 可进一步化简为

$$C_{\mathrm{M}}\approx\frac{1}{N_e-1}U_p\Lambda_p^2U_p^{\mathrm{T}} \tag{3-11}$$

式中：对角阵 Λ_p 对角元素为 N_p 个非零的奇异值；U_p 为 Λ_p 所对应的奇异向量，$U_p\in R^{N_m\times N_p}$。C_{M} 的伪逆(pseudo-inverse)矩阵可表示为

$$\hat{C}_M^{-1}=(N_e-1)U_p\Lambda_p^{-2}U_p^{\mathrm{T}} \tag{3-12}$$

此时，定义新的参数 p（$p\in R^{N_p}$）对 m 进行参数化变换为

$$p=\sqrt{N_e-1}\Lambda_p^{-\mathrm{T}}U_p^{\mathrm{T}}(m-\overline{m}) \tag{3-13}$$

将 $\hat{C}_{\mathrm{M}}^{-1}$ 和 $\overline{m}$ 分别替代 C_{M}^{-1} 和 m_{pr}，则目标函数 $O(m)$ 可近似转化为

$$O(p)=\frac{1}{2}p^{\mathrm{T}}p+\frac{1}{2}\left[d_{\mathrm{obs}}-g(m_p)\right]^{\mathrm{T}}C_D^{-1}\left[d_{\mathrm{obs}}-g(m_p)\right] \tag{3-14}$$

其中，真实油藏参数 m_p 与 p 具有如下线性关系：

$$m_p=\overline{m}+\frac{U_p\Lambda_p}{\sqrt{N_e-1}}p \tag{3-15}$$

显然，使用上述参数变换方法，可将油藏模拟历史拟合问题由 N_m 维降低到 N_p 维，再

结合前述所提出的无梯度优化方法,即可实现大规模油藏模拟历史拟合问题的求解。在无梯度方法优化过程中,每一个迭代步主要通过调整参数 p 来降低目标函数 $O(p)$,并基于式(3-15)来反求油藏真实参数。

二、计算实例

基于 Eclipse 油藏数值模拟软件,本节根据前述参数变换法分别应用 SPSA、NEWUOA 和 QIM-AG 算法对两个油藏模型实例进行了历史拟合研究。第一个模型实例为二维非均质油藏;第二个模型选取了常用的 PUNQ-S3 油藏。

(一)二维非均质油藏

该油藏模型划分网格为 $20\times30\times1$,网格尺寸大小为 300 ft,非均质性强,包含一条高渗条带,其平面渗透率场分布如图 3-1(a)所示。该模型包含 5 口生产井和 1 口注水井,其中,注水井 INJ1、生产井 Pro5 和 Pro2 均位于高渗带上,其他生产井均位丁渗透率较低的部位。历史拟合需要反演的参数主要包括每个网格的平面渗透率以及孔隙度,共计 1200 个。这里基于序贯高斯模拟生成了 100 个初始油藏模型实现来进行参数变换,并用这些模型实现的平均值作为初始先验模型估计,如图 3-1(b)所示。

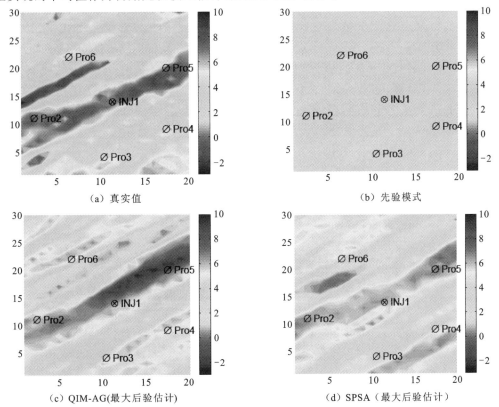

(a)真实值　　(b)先验模式　　(c)QIM-AG(最大后验估计)　　(d)SPSA(最大后验估计)

图 3-1　平面渗透率分布(对数刻度)

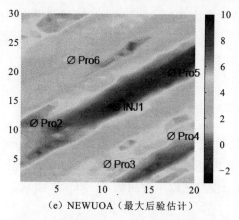

（e）NEWUOA（最大后验估计）

图 3-1　平面渗透率分布（对数刻度）（续）

　　油藏数值模拟需要进行历史拟合的生产动态数据主要包括油水井的井底流压（BHP），生产井的产气速度（GPR）及产水速度（WPR）。油田生产的观测数据（d_{obs}）主要基于 Eclipse油藏模拟器对真实油藏模型进行计算得到，并增添了高斯型分布的误差，对于 BHP、GPR 及WPR 等数据所使用的误差的方差分别为 50 psi，10 MSCF/d 和 10 STB/d。

　　各优化算法参数设置如下：对于 QIM-AG 算法，初始信赖域半径 $\delta_0 = 0.2$，最大信赖域半径 $\delta_{max} = 2.0$；在 NEWUOA 算法中，初始信赖域半径和最小插值点半径分别为 0.5 和 0.1，插值点个数为 $N_i = N_p + 6$；在 SPSA 算法中，基于 Spall 提出的线搜索方法，如式（2-15）和式（2-16），$\varepsilon = 0.01$，$\alpha = 0.4$，$A = 50$。QIM-AG 和 SPSA 算法中均使用随机扰动梯度的平均值，其个数 $N_g = 5$。各优化算法的基于初始先验模型估计的优化结果如图 3-2 所示。可以看出，经过 600 次模拟计算，QIM-AG 算法优化取得最低值 2421，NEWUOA 算法优化值稍高，约2800，而 SPSA 算法优化值明显高于前两种算法，其最终结果约为 8000。

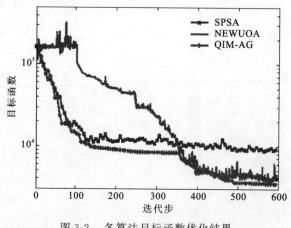

图 3-2　各算法目标函数优化结果

　　图 3-1（c）～（e）显示出了三种优化算法最终反演得到的渗透率的最大后验估计。与真实油藏模型渗透率相比，各优化方法均能够很好地把握油藏的真实特征，尤其是能够准

确地反映出高渗条带的位置。经过对比，QIM-AG算法和NEWUOA算法反演得到高渗带与真实油藏更加接近，而 SPSA 算法在高渗区的渗透率值比真实值要小一些。

部分井（Pro3，Pro4，Pro5 和 INJ1）的 BHP 数据历史拟合结果如图 3-3（图版 IX）所示，前 7290 d 用于历史拟合，后面约 1700 d 用来对反演后油藏模型的预测效果进行检验。在图中，红色曲线表示基于真实油藏模型计算的生产数据预测值，红色散点表示用来进行拟合观测数据，灰色曲线为基于初始先验模型生产数据预测值，其他曲线为基于各优化算法最大后验估计模型得到的生产数据预测值。显然，初始先验模型预测生产数据与真实值相差较大，经过优化后，各优化算法最大后验估计模型给出了较好的历史拟合效果，其预测生产数据与真实值比较吻合，而 QIM-AG 算法的拟合效果最好，这与其获得最小的目标函数值相对应。

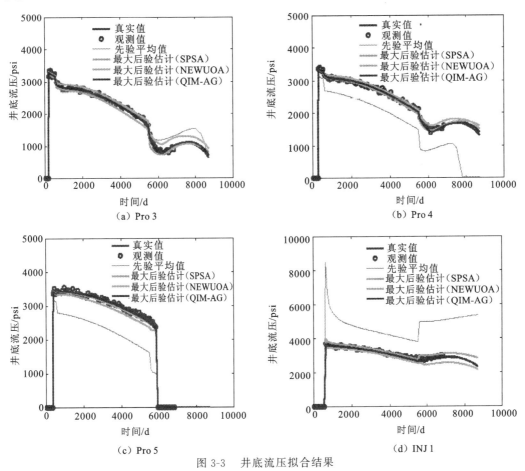

图 3-3　井底流压拟合结果

图 3-4（图版 X）所示为生产井 Pro2 和 Pro4 的产气速度（GPR）的历史拟合结果。可以看出，在历史拟合阶段，三种优化方法所得的最大后验估计模型预测值均能够很好地匹配实际生产观测数据，但是在预测阶段（7290 ~ 9000 d），SPSA 算法所得的最大后验估计模型预测结果与真实值相差较大。

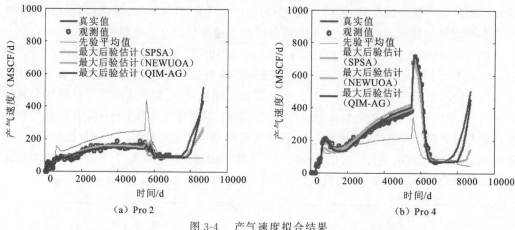

图 3-4 产气速度拟合结果

从产水速度（WPR）拟合结果来看（图 3-5，图版 X），QIM-AG 算法和 NEWUOA 算法给出了非常好的历史拟合效果，但是 SPSA 算法拟合效果较差：相对于生产井 Pro2，其含水突破时机明显晚于真实模型，而对于生产井 Pro5，真实模型中该井于 5500 d 左右含水开始突破，而 SPSA 算法最大后验估计模型中该井含水始终没有突破。

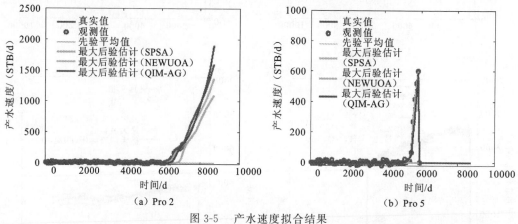

图 3-5 产水速度拟合结果

油藏累积产水量（FWPT）和累积产气量（FGPT）历史拟合结果如图 3-6（图版 X）所示。根据 FWPT 数据拟合结果来看，QIM-AG 算法和 NEWUOA 算法最大后验估计模型预测结果与真实值基本吻合，而 SPSA 算法最大后验估计模型中生产井见水时机较晚，因此，其预测结果明显低于真实值。对于 FGPT 而言，三种优化方法相比初始先验模型均取得了较好的历史拟合效果，其最大后验估计模型预测值能够很好地匹配生产观测数据。

（二）PUNQ-S3 油藏

如第二章所述 PUNQ-S3 油藏为一含有气顶和强边水的三维三相油藏，共有 6 口生产井，不含注水井。这些井的射孔位置主要在第 3 层和第 5 层，生产井井位设置及真实平面渗透率分布如图 3-7(a) 所示。图 3-7(a) 中蓝色区域反映了边水的分布,这一区域在模拟计算中设定其网格孔隙度为 0.95,初始含水饱和度为 1.0。

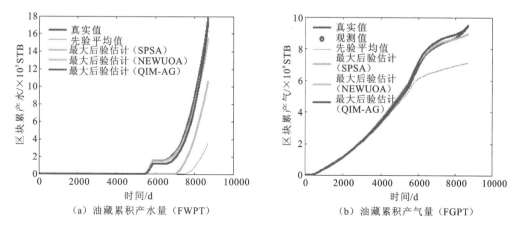

（a）油藏累积产水量（FWPT）　　　（b）油藏累积产气量（FGPT）

图 3-6　油藏累积指标拟合结果

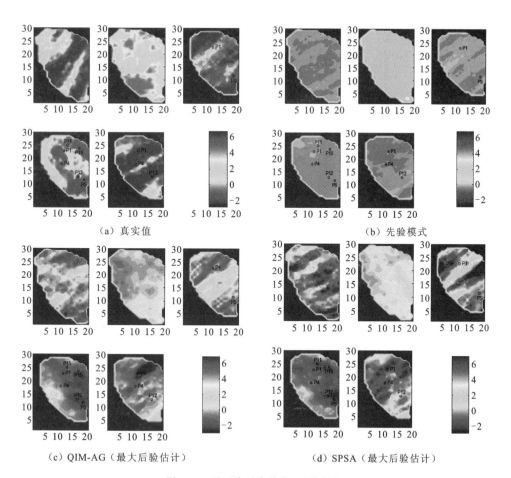

（a）真实值　　　（b）先验模式

（c）QIM-AG（最大后验估计）　　　（d）SPSA（最大后验估计）

图 3-7　平面渗透率分布（对数刻度）

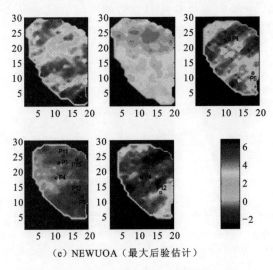

（e）NEWUOA（最大后验估计）

图 3-7　平面渗透率分布（对数刻度）（续）

　　该模型需要进行历史拟合的生产数据主要包括生产井井底流压（BHP），生产气油比（GOR）及含水率（WCT）。实际观测数据同样基于 Eclipse 油藏模拟器对真实油藏模型进行计算得到，并增添了高斯型分布的误差。对于井底流压数据，在关井时刻，误差的方差为 14.7 psi，开井生产时误差的方差为 43.5 psi；对于生产气油比，误差的方差取为真实值的 10%；对于含水率数据，误差的方差取为真实值的 0.25%。

　　油藏数值模拟所使用的生产动态数据与文献（Gao et al.，2007；Gao et al.，2005）一致，历史拟合从 0 时刻到 2936 d，之后继续计算至约 4000 d 以便对历史拟合模型预测效果进行检验。参数变换法所使用的初始油藏模型共计 100 个，其平面渗透率初始先验模型估计如图 3-7(b) 所示。历史拟合需要反演的参数主要包括每个网格的平面渗透率、垂向渗透率以及孔隙度，共计 9000 个。

　　使用 QIM-AG 算法优化时，初始信赖域半径 $\Delta_0 = 0.15$，最大信赖域半径 $\Delta_{max} = 1.5$，最小信赖域半径 $\Delta_{min} = 0.1$。在 NEWUOA 算法中，初始信赖域半径和最小插值点半径分别为 1.0 和 0.1，插值点个数为 $N_i = N_p + 6$。对于 SPSA 算法，其参数的设置与前面二维油藏测试实例使用值相同。QIM-AG 和 SPSA 算法中均使用随机扰动梯度的平均值，其个数 $N_g = 5$。上述三种优化算法的基于初始先验模型估计的优化结果如图 3-8 所示。可以看出，经过 400 次模拟计算，各优化算法均有效地降低了目标函数值，相比初始值目标函数降低了约 30 倍。与前述计算实例类似，QIM-AG 算法优化取得最低值 94，NEWUOA 算法优化值为 125，而 SPSA 算法优化值稍高于前两种算法，其最终结果为 160。

　　三种优化算法最终反演得到的渗透率的最大后验估计如图 3-7(c) ～（e）所示。可以看出，与真实油藏模型渗透率相比，各优化方法所得最大后验估计相对比较光滑，但在一定程度上能够反映出油藏高渗带的分布特征，尤其是在第 1、第 3 和第 5 小层。

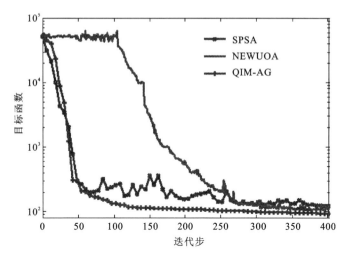

图 3-8 各算法目标函数优化结果

图 3-9(图版 XI)所示为部分生产井井底流压历史拟合结果。可见,初始先验模型 BHP 数据与实际观测值相差较大,这是因为该油藏数值模拟计算中采用定油生产方式,初始先验模型在很多时刻由于难以满足定油生产要求,改为定压生产方式,此时生产井 BHP 为 14.7 psi。经过优化后,各优化算法最大后验估计模型给出了较好的历史拟合效果,其计算所得生产数据与观测值比较吻合,但在预测阶段,与真实值略有差距,但整体趋势仍然一致。生产井 P1 和 P11 的生产气油比拟合结果如图 3-10(图版 XI)所示。对于生产井 P11,各优化方法均给出了较好的历史拟合和预测效果,能够很好地匹配实际生产数据,而对于生产井 P1,QIM-AG 算法和 NEWUOA 算法优化结果要好于 SPSA 算法的结果。从生产井含水率的拟合结果来看(图 3-11,图版 XII),对于生产井 P5,QIM-AG 算法和 NEWUOA 算法计算所得见水时间与真实油藏一致,而 SPSA 算法预测见水时机明显早于真实油藏;对于生产井 P15,QIM-AG 算法历史拟合效果及预测效果最好,其计算含水率与真实油藏基本吻合,NEWUOA 算法在历史拟合阶段能够很好地匹配观测数据,但预测值明显低于真实油藏,而 SPSA 算法对该井的历史拟合效果最差。

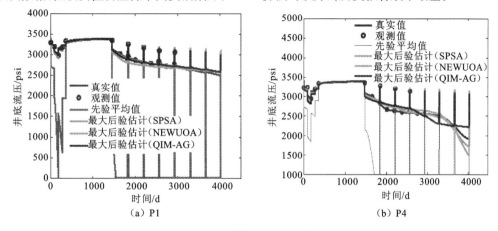

图 3-9 井底流压拟合结果

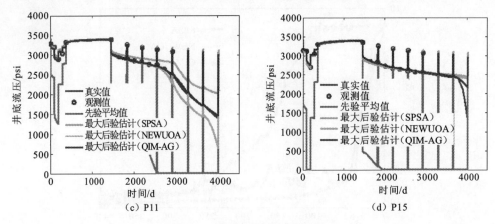

图 3-9　　井底流压拟合结果(续)

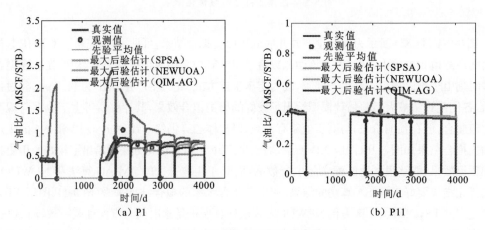

图 3-10　　油井生产气油比拟合结果

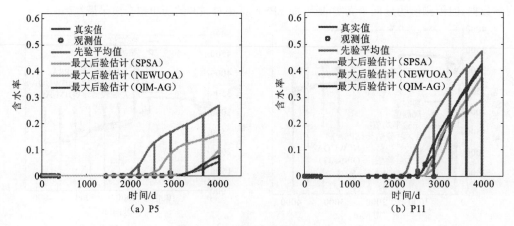

图 3-11　　油井含水率拟合结果

通过以上两个历史拟合计算实例，可以看出基于参数变换法并结合无梯度优化方法，不需要任何伴随梯度的计算，且能够和任意油藏模拟器相结合，因此，该方法能够方便地解决任意油藏模拟历史拟合问题。接下来，本章将重点介绍另一类重要历史拟合方法 —— 数据同化法（data assimilation method）（林行等，2004）。在数据同化方法中，比较典型和常用的方法是集合卡尔曼滤波方法（ensemble kalman filter，EnKF）（Naevdal et al.，2003）和集合平滑多数据同化方法（ensemble smoother with multiple data assimilation）（Wang et al.，2010）。本章将从随机极大似然原理（randomized maximum likelihood，RML）（Oliver，1996；Peter，1995）角度出发，给出集合卡尔曼滤波方法的详细推导过程，并验证 EnKF 方法的适用条件。并在此基础上给出 EnKF 的局部化方法和集合平滑多数据同化方法的简单计算步骤。

第三节　随机极大似然

一、基本原理

RML 方法（Oliver，1996；Peter，1995）类似随机模拟方法，它首先基于初始先验信息和观测值生成多个随机油藏模型实现（$\boldsymbol{m}_{\mathrm{uc}}$）及观测向量实现（$\boldsymbol{d}_{\mathrm{uc}}$），其计算公式如下：

$$\boldsymbol{m}_{\mathrm{uc}} = \boldsymbol{m}_{\mathrm{pr}} + \boldsymbol{C}_{\mathrm{M}}^{1/2} \boldsymbol{Z}_{\mathrm{m}} \tag{3-16}$$

$$\boldsymbol{d}_{\mathrm{uc}} = \boldsymbol{d}_{\mathrm{obs}} + \boldsymbol{C}_{\mathrm{D}}^{1/2} \boldsymbol{Z}_{\mathrm{d}} \tag{3-17}$$

式中：$\boldsymbol{C}_{\mathrm{M}}^{1/2}$，$\boldsymbol{C}_{\mathrm{D}}^{1/2}$ 均由 Cholesky 分解法（Nocedal et al.，1999）获得，且分别满足 $\boldsymbol{C}_{\mathrm{M}}^{1/2} \boldsymbol{C}_{\mathrm{M}}^{\mathrm{T}/2} = \boldsymbol{C}_{\mathrm{M}}$ 及 $\boldsymbol{C}_{\mathrm{D}}^{1/2} \boldsymbol{C}_{\mathrm{D}}^{\mathrm{T}/2} = \boldsymbol{C}_{\mathrm{D}}$；$\boldsymbol{Z}_{\mathrm{m}}$，$\boldsymbol{Z}_{\mathrm{d}}$ 分别为符合标准正态分布的随机向量。

然后，对于每一对 $\boldsymbol{m}_{\mathrm{uc}}$ 和 $\boldsymbol{d}_{\mathrm{uc}}$，通过最小化如下最大似然函数 $O_{\mathrm{R}}(\boldsymbol{m})$ 获得相对应的 MAP 估计 $\boldsymbol{m}_{\mathrm{c}}$，$O_{\mathrm{R}}(\boldsymbol{m})$ 计算公式为

$$O_{\mathrm{R}}(\boldsymbol{m}) = \frac{1}{2} \left[\boldsymbol{m} - \boldsymbol{m}_{\mathrm{uc}} \right]^{\mathrm{T}} \boldsymbol{C}_{\mathrm{M}}^{-1} (\boldsymbol{m} - \boldsymbol{m}_{\mathrm{uc}}) + \frac{1}{2} \left[\boldsymbol{d}_{\mathrm{uc}} - g(\boldsymbol{m}) \right]^{\mathrm{T}} \boldsymbol{C}_{\mathrm{D}}^{-1} \left[\boldsymbol{d}_{\mathrm{uc}} - g(\boldsymbol{m}) \right]$$

$$\tag{3-18}$$

当油藏系统预测生产数据 $g(\boldsymbol{m})$ 与模型参数 $\boldsymbol{m}$ 可近似满足线性关系时，可以证明通过 RML 方法获得的 $\boldsymbol{m}_{\mathrm{c}}$ 服从式（3-4）所示的概率分布 $p(\boldsymbol{m} \mid \boldsymbol{d}_{\mathrm{obs}})$，最终能够求得式（3-5）所示目标函数 $O(\boldsymbol{m})$ 的 MAP 估计（Oliver et al.，2008；Zafari et al.，2005）。

考虑预测生产数据 $g(\boldsymbol{m})$ 与模型参数 $\boldsymbol{m}$ 满足如下线性关系式：

$$g(\boldsymbol{m}) = \boldsymbol{G}\boldsymbol{m} \tag{3-19}$$

式中：$\boldsymbol{G}$ 为 $N_d \times N_m$ 维矩阵，其可认为是观测数据 $g(\boldsymbol{m})$ 对模型 $\boldsymbol{m}$ 的敏感系数矩阵或雅克比矩阵。考虑目标函数 $O(\boldsymbol{m})$ 的梯度，其计算表达式如下：

$$\nabla O(\boldsymbol{m}) = \boldsymbol{C}_{\mathrm{M}}^{-1} (\boldsymbol{m} - \boldsymbol{m}_{\mathrm{pr}}) + \boldsymbol{G}^{\mathrm{T}} \boldsymbol{C}_{\mathrm{D}}^{-1} (\boldsymbol{G}\boldsymbol{m} - \boldsymbol{d}_{\mathrm{obs}}) \tag{3-20}$$

令 $\nabla O(\boldsymbol{m})$ 为 0，最终求得 MAP 估计 $\boldsymbol{m}_{\infty}$ 为

$$\boldsymbol{m}_{\infty} = \boldsymbol{H}^{-1} (\boldsymbol{C}_{\mathrm{M}}^{-1} \boldsymbol{m}_{\mathrm{pr}} + \boldsymbol{G}^{\mathrm{T}} \boldsymbol{C}_{\mathrm{D}}^{-1} \boldsymbol{d}_{\mathrm{obs}}) \tag{3-21}$$

其中，$\boldsymbol{H}$ 代表 Hessian 矩阵，其表达式如下：

$$\boldsymbol{H} = \boldsymbol{C}_M^{-1} + \boldsymbol{G}^T \boldsymbol{C}_D^{-1} \boldsymbol{G} \tag{3-22}$$

由于目标函数 $O(\boldsymbol{m})$ 是二次模型，对其在点 $\boldsymbol{m}_\infty$ 处进行二阶泰勒展开，$O(\boldsymbol{m})$ 可表示为

$$O(\boldsymbol{m}) = O(\boldsymbol{m}_\infty) + \boldsymbol{\nabla}O(\boldsymbol{m}_\infty)^T (\boldsymbol{m} - \boldsymbol{m}_\infty) + \frac{1}{2}[\boldsymbol{m} - \boldsymbol{m}_\infty]^T \boldsymbol{H}(\boldsymbol{m} - \boldsymbol{m}_\infty)$$
$$\tag{3-23}$$
$$= O(\boldsymbol{m}_\infty) + \frac{1}{2}[\boldsymbol{m} - \boldsymbol{m}_\infty]^T \boldsymbol{H}(\boldsymbol{m} - \boldsymbol{m}_\infty)$$

此时，式(3-4)所示的条件概率 $p(\boldsymbol{m} \mid \boldsymbol{d}_{\text{obs}})$ 变为

$$p(\boldsymbol{m} \mid \boldsymbol{d}_{\text{obs}}) \propto \exp[-O(\boldsymbol{m})] \propto \exp\left\{-\frac{1}{2}[\boldsymbol{m} - \boldsymbol{m}_\infty]^T \boldsymbol{H}(\boldsymbol{m} - \boldsymbol{m}_\infty)\right\} \tag{3-24}$$

显然，对于历史拟合问题而言，其最终解 $\boldsymbol{m}$ 是服从均值为 $\boldsymbol{m}_\infty$ 和协方差为 $\boldsymbol{H}$ 的多元高斯分布。

基于 RML 方法，对于每一对 $\boldsymbol{m}_{\text{uc}}$ 和 $\boldsymbol{d}_{\text{uc}}$ 可由式(3-21)获得其 MAP 估计 $\boldsymbol{m}_c$ 为

$$\boldsymbol{m}_c = \boldsymbol{H}^{-1}(\boldsymbol{C}_M^{-1}\boldsymbol{m}_{\text{uc}} + \boldsymbol{G}^T\boldsymbol{C}_D^{-1}\boldsymbol{d}_{\text{uc}})$$
$$= \boldsymbol{H}^{-1}[\boldsymbol{C}_M^{-1}(\boldsymbol{m}_{\text{pr}} + \boldsymbol{C}_M^{1/2}\boldsymbol{Z}_m) + \boldsymbol{G}^T\boldsymbol{C}_D^{-1}(\boldsymbol{d}_{\text{obs}} + \boldsymbol{C}_D^{1/2}\boldsymbol{Z}_d)] \tag{3-25}$$
$$= \boldsymbol{m}_\infty + \boldsymbol{H}^{-1}(\boldsymbol{C}_M^{-1}\boldsymbol{C}_M^{1/2}\boldsymbol{Z}_m + \boldsymbol{G}^T\boldsymbol{C}_D^{-1}\boldsymbol{C}_D^{1/2}\boldsymbol{Z}_d)$$

考虑随机变量 $\boldsymbol{m}_c$ 的期望为

$$E[\boldsymbol{m}_c] = E[\boldsymbol{m}_\infty + \boldsymbol{H}^{-1}(\boldsymbol{C}_M^{-1}\boldsymbol{C}_M^{1/2}\boldsymbol{Z}_m + \boldsymbol{G}^T\boldsymbol{C}_D^{-1}\boldsymbol{C}_D^{1/2}\boldsymbol{Z}_d)]$$
$$= E[\boldsymbol{m}_\infty] + E[\boldsymbol{H}^{-1}(\boldsymbol{C}_M^{-1}\boldsymbol{C}_M^{1/2}\boldsymbol{Z}_m + \boldsymbol{G}^T\boldsymbol{C}_D^{-1}\boldsymbol{C}_D^{1/2}\boldsymbol{Z}_d)]$$
$$= \boldsymbol{m}_\infty + \boldsymbol{H}^{-1}\boldsymbol{C}_M^{-1}\boldsymbol{C}_M^{1/2}E[\boldsymbol{Z}_m] + \boldsymbol{H}^{-1}\boldsymbol{G}^T\boldsymbol{C}_D^{-1}\boldsymbol{C}_D^{1/2}E[\boldsymbol{Z}_d] \tag{3-26}$$
$$= \boldsymbol{m}_\infty$$

接下来计算随机变量 $\boldsymbol{m}_c$ 的协方差矩阵：

$$\boldsymbol{C}_C = E\{(\boldsymbol{m}_c - \boldsymbol{m}_\infty)[\boldsymbol{m}_c - \boldsymbol{m}_\infty]^T\}$$
$$= E\{\boldsymbol{H}^{-1}(\boldsymbol{C}_M^{-1}\boldsymbol{C}_M^{1/2}\boldsymbol{Z}_m + \boldsymbol{G}^T\boldsymbol{C}_D^{-1}\boldsymbol{C}_D^{1/2}\boldsymbol{Z}_d)[\boldsymbol{H}^{-1}(\boldsymbol{C}_M^{-1}\boldsymbol{C}_M^{1/2}\boldsymbol{Z}_m + \boldsymbol{G}^T\boldsymbol{C}_D^{-1}\boldsymbol{C}_D^{1/2}\boldsymbol{Z}_d)]^T\}$$
$$= \boldsymbol{H}^{-1}E[(\boldsymbol{C}_M^{-1}\boldsymbol{C}_M^{1/2}\boldsymbol{Z}_m + \boldsymbol{G}^T\boldsymbol{C}_D^{-1}\boldsymbol{C}_D^{1/2}\boldsymbol{Z}_d)(\boldsymbol{Z}_M^T\boldsymbol{C}_M^{T/2}\boldsymbol{C}_M^{-1} + \boldsymbol{Z}_d^T\boldsymbol{C}_D^{T/2}\boldsymbol{C}_D^{-1}\boldsymbol{G})]\boldsymbol{H}^{-1}$$
$$\tag{3-27}$$

定义两个新的 N_m 维向量：$w = \boldsymbol{C}_M^{-1}\boldsymbol{C}_M^{1/2}\boldsymbol{Z}_m$ 和 $v = \boldsymbol{G}^T\boldsymbol{C}_D^{-1}\boldsymbol{C}_D^{1/2}\boldsymbol{Z}_d$。显然，$w$ 和 v 为服从均值为 0 的独立随机向量，则 $E[wv^T]$ 和 $E[vw^T]$ 均为零矩阵，则有

$$\boldsymbol{C}_C = E\{(\boldsymbol{m}_c - \boldsymbol{m}_\infty)[\boldsymbol{m}_c - \boldsymbol{m}_\infty]^T\}$$
$$= \boldsymbol{H}^{-1}E(\boldsymbol{C}_M^{-1}\boldsymbol{C}_M^{1/2}\boldsymbol{Z}_m\boldsymbol{Z}_M^T\boldsymbol{C}_M^{T/2}\boldsymbol{C}_M^{-1} + wv^T + vw^T + \boldsymbol{G}^T\boldsymbol{C}_D^{-1}\boldsymbol{C}_D^{1/2}\boldsymbol{Z}_d\boldsymbol{Z}_d^T\boldsymbol{C}_D^{T/2}\boldsymbol{C}_D^{-1}\boldsymbol{G})\boldsymbol{H}^{-1}$$
$$= \boldsymbol{H}^{-1}E(\boldsymbol{C}_M^{-1}\boldsymbol{C}_M^{1/2}\boldsymbol{C}_M^{T/2}\boldsymbol{C}_M^{-1} + \boldsymbol{G}^T\boldsymbol{C}_D^{-1}\boldsymbol{C}_D^{1/2}\boldsymbol{C}_D^{T/2}\boldsymbol{C}_D^{-1}\boldsymbol{G})\boldsymbol{H}^{-1}$$
$$= \boldsymbol{H}^{-1}E(\boldsymbol{C}_M^{-1} + \boldsymbol{G}^T\boldsymbol{C}_D^{-1}\boldsymbol{G})\boldsymbol{H}^{-1} = \boldsymbol{H}^{-1}\boldsymbol{H}\boldsymbol{H}^{-1} = \boldsymbol{H}^{-1}$$
$$\tag{3-28}$$

由式(3-27)和式(3-28)可知，$\boldsymbol{m}_c$ 同样为服从均值为 $\boldsymbol{m}_\infty$ 和协方差为 $\boldsymbol{H}$ 的多元高斯分布，因此，对于线性模型基于 RML 方法反演所得模型是历史拟合问题的 MAP 估计。

上面讨论了当油藏生产系统符合线性关系时，基于 RML 方法拟合全部生产数据后，所

得模型能够给出历史拟合问题正确的概率分布,进而可以确定 MAP 估计。Albert(1987)指出利用 RML 方法也可按照时间顺序逐步拟合生产观测数据(即数据同化),其最终反演结果仍然服从正确的概率分布。

假设 d_{obs} 包含两组观测数据 d_{obs1} 和 d_{obs2},其对应的生产时间分别为 t_1 和 t_2,且油藏生产系统仍满足线性关系,即

$$d_{\text{obs}} = \begin{bmatrix} d_{\text{obs1}} \\ d_{\text{obs2}} \end{bmatrix} = \begin{bmatrix} G_1 m + \varepsilon_{\text{r1}} \\ G_2 m + \varepsilon_{\text{r2}} \end{bmatrix} \tag{3-29}$$

式中:$d_{\text{obs1}} \in \mathfrak{R}^{N_{d1}}$,$d_{\text{obs2}} \in \mathfrak{R}^{N_{d2}}$,$G_1 \in \mathfrak{R}^{N_{d1} \times N_m}$,$G_2 \in \mathfrak{R}^{N_{d2} \times N_m}$;$\varepsilon_{\text{r1}}$、$\varepsilon_{\text{r2}}$ 分别为观测误差。

由式(3-21)及式(3-22),对于第一组观测数据 d_{obs1} 进行历史拟合,所得 MAP 估计 $m_{\infty 1}$ 为

$$m_{\infty 1} = H_1^{-1}(C_M^{-1} m_{\text{pr}} + G_1^{\text{T}} C_{\text{D1}}^{-1} d_{\text{obs1}}) \tag{3-30}$$

$$H_1 = C_M^{-1} + G_1^{\text{T}} C_{\text{D1}}^{-1} G_1 \tag{3-31}$$

基于 RML 方法,经过拟合第一组观测数据后计算得到 m_{c1} 为

$$m_{\text{c1}} = m_{\infty 1} + H_1^{-1}(C_M^{-1} C_M^{1/2} Z_m + G_1^{\text{T}} C_{\text{D1}}^{-1} C_{\text{D1}}^{1/2} Z_{d1}) \tag{3-32}$$

由式(3-27)和式(3-28),显然有期望值 $E[m_{\text{c1}}] = m_{\infty 1}$,协方差 $C_{\text{C1}} = H_1^{-1}$。此时,条件概率 $p(m \mid d_{\text{obs1}})$ 变为

$$p(m \mid d_{\text{obs1}}) \propto \exp\left\{-\frac{1}{2}[m - m_{\infty 1}]^{\text{T}} H_1 (m - m_{\infty 1})\right\} \tag{3-33}$$

经过对观测数据 d_{obs1} 拟合后所得模型是服从均值为 $m_{\infty 1}$,协方差为 C_{C1} 的高斯分布向量,这些模型也是进行下一步历史拟合(d_{obs2})的初始先验模型。同理,根据 RML 方法,可得

$$m_{\infty 2} = H_2^{-1}(C_{\text{C1}}^{-1} m_{\infty 1} + G_2^{\text{T}} C_{\text{D2}}^{-1} d_{\text{obs2}}) \tag{3-34}$$

$$H_2 = C_{\text{C1}}^{-1} + G_2^{\text{T}} C_{\text{D2}}^{-1} G_2 \tag{3-35}$$

$$m_{\text{c2}} = m_{\infty 2} + H_2^{-1}(C_{\text{C1}}^{-1} C_{\text{C1}}^{1/2} Z_m + G_2^{\text{T}} C_{\text{D2}}^{-1} C_{\text{D2}}^{1/2} Z_{d2}) \tag{3-36}$$

将式(3-30)代入到式(3-34)中,可得

$$\begin{aligned} m_{\infty 2} &= H_2^{-1}(C_M^{-1} m_{\text{pr}} + G_1^{\text{T}} C_{\text{D1}}^{-1} d_{\text{obs1}} + G_2^{\text{T}} C_{\text{D2}}^{-1} d_{\text{obs2}}) \\ &= H_2^{-1}\left\{C_M^{-1} m_{\text{pr}} + [G_1^{\text{T}} \quad G_2^{\text{T}}]\begin{bmatrix} C_{\text{D1}}^{-1} & O \\ O & C_{\text{D2}}^{-1} \end{bmatrix}(d_{\text{obs1}} + d_{\text{obs2}})\right\} \end{aligned} \tag{3-37}$$

将 $C_{\text{C1}} = H_1^{-1}$ 代入式(3-35)中,可得

$$\begin{aligned} H_2 &= H_1 + G_2^{\text{T}} C_{\text{D2}}^{-1} G_2 \\ &= C_M^{-1} + G_1^{\text{T}} C_{\text{D1}}^{-1} G_1 + G_2^{\text{T}} C_{\text{D2}}^{-1} G_2 \\ &= C_M^{-1} + (G_1^{\text{T}} \quad G_2^{\text{T}})\begin{pmatrix} C_{\text{D1}}^{-1} & O \\ O & C_{\text{D2}}^{-1} \end{pmatrix}\begin{pmatrix} G_1 \\ G_2 \end{pmatrix} \end{aligned} \tag{3-38}$$

假设观测数据测量误差在时间上不相关,因此,观测数据整体协方差阵 C_{D} 为

$$C_{\text{D}} = \begin{pmatrix} C_{\text{D1}}^{-1} & O \\ O & C_{\text{D2}}^{-1} \end{pmatrix} \tag{3-39}$$

此时,式(3-38)可最终表示为

$$H_2 = C_M^{-1} + G^T C_D^{-1} G = H \tag{3-40}$$

且模型估计 $m_{\infty 2}$ 为

$$m_{\infty 2} = H^{-1}(C_M^{-1} m_{pr} + G^T C_D^{-1} d_{obs}) = m_{\infty} \tag{3-41}$$

式中:$d_{obs} = [d_{obs1} \quad d_{obs2}]^T$。显然,当测量误差在时间上不相关,且 $g(m)$ 为线性模型时,通过 RML 方法在时间上逐次拟合生产数据,其最终所得 MAP 估计与拟合完全部生产数据后所得模型估计是一致的。

二、计算实例

(一)Toy problem 3 油藏

我们使用 SPSA 算法对理论模型三,简单的非线性问题进行了反演求解。这里面只有一个模型参数 m,m 是一个真实随机变量,可建立如下模型:

$$d = g(m,t) = 1 - \frac{9}{2}\left(m - \frac{2\pi}{3}\right)^2 + (t-1)\sin(m) \tag{3-42}$$

式中:M 为尺度模型参数;t 为时间。

用上述这个模型来近似将要在油藏模拟器中拟合的问题,接下来定义递归方程,用来预测模拟器重启计算选项的数据。

$$g(m,t+\Delta t) = g(m,t) + \sin(m)\Delta t \tag{3-43}$$

这就表示需要用式(3-43)来对数据进行反演,假设数据的观测误差是 $N(0,0.01)$,我们观察到 $t = 1,2,3,4,5$ 时的观测值 $d_{ob,1} = 0.756\,038, d_{ob,2} = 1.6549, d_{ob,3} = 2.877\,41,$ $d_{ob,4} = 3.755\,39, d_{ob,5} = 4.732\,33$。

我们使用 SPSA 算法和 RML 方法结合对模型油藏进行反演。在用 SPSA 算法和 RML 方法来处理这个问题时,先基于 RML 原理用初始地质模型参数 m 加上 $N(0,0.1)$ 扰动生成 100 组随机地质模型 m_c,由 $d_c = g(m_c,t)$ 在 5 个时间步内生成 500 组 d_c,然后对每一组 m_c 进行多次加伯努利扰动来计算扰动后的目标函数值,寻找该点附近的下山梯度,然后对同一组 m_c 的多个梯度进行平均,寻找真实的下山梯度,然后用 m_c 加上计算后的梯度再次代入目标函数中求值,与未加梯度前的目标函数值进行比较,如果目标函数值下降,将基于目前的 m_c 值,再次进行迭代计算,在这里增加了一维线搜索,以保证收敛的稳定性。如图 3-12 所示,即为 m_c 概率分布图,我们使用 RML 方法,在使用 EnKF 算法生成的 5000 组 m_c 和 SPSA 算法中初始生成的 100 组 m_c,实质上是从其 $N(0,0.1)$ 的高斯分布中随机取样。

如图 3-13 SPSA 得到的 MAP 估计所示,红线代表的是函数后验分布概率曲线,黑色方块是 SPSA 算法对 RML 方法所产生的集合样本更新后所进行的 m_{MAP} 统计。从图 3-13 中 SPSA 得到的 MAP 估计所示,SPSA 算法所得到的 m_{MAP} 与函数后验概率曲线重合得很好,如图 3-13(a)SPSA 得到的 MAP 估计(a) 所示,在 $t = 1$ 时,即使是只有一组观测值的情况下,SPSA 算法依旧能够很好地反演出真实解,相比于其他的一些算法,SPSA 算法在较少数据反演的非线性问题中的优势就体现出来了。

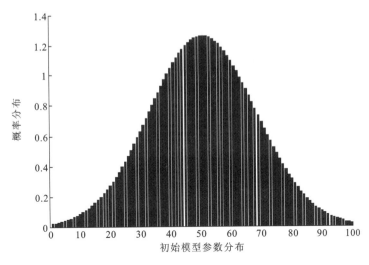

图 3-12　初始模型参数的高斯分布

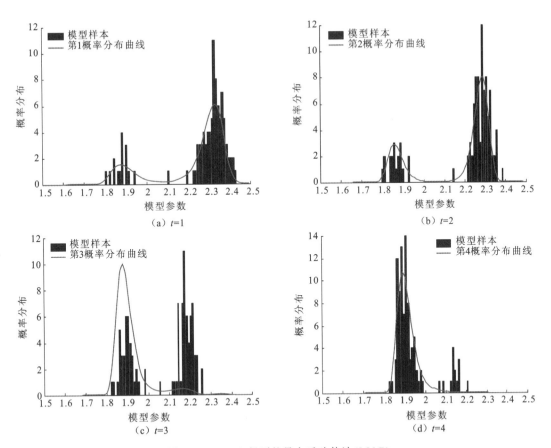

图 3-13　SPSA 得到的最大后验估计（MAP）

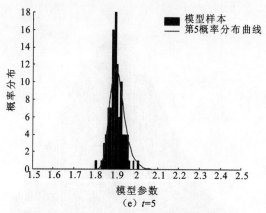

（e）$t=5$

图 3-13　SPSA 得到的最大后验估计（MAP）

　　由图 3-13 可以看出，SPSA 算法在拟合相同的观测数据的情况下，能够很快地收敛到真实解附近，并且在第 5 个时间步，能够使理论模型完全拟合上。从目前油藏理论模型的计算结果来看，SPSA 算法相比于其他的一些算法能更准确地反演油藏理论模型的非线性问题。所以 SPSA 应该得到更多的关注。

　　如图 3-14 所示，加上扰动后的 m_c 生成的观测值 d_c 的分布是相当分散的，但是在进行了历史拟合之后，即对 m_c 进行扰动计算反演之后得到的 m_{MAP}，如图 3-14 所示由 100 组 m_{MAP} 生成的观测值 $g(m_{MAP})$ 就能收敛到一块了，并且如图 3-15 所示，使用反演计算得到的 m_{MAP} 值，生成的观测值，也能很好地收敛到一块，并且能和初始的观测值拟合上，并且给出了未来的油藏生产动态的分布范围，这样就能更好地用来对理论模型未来的生产数据的变化趋势进行预测。

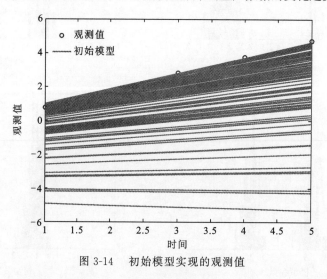

图 3-14　初始模型实现的观测值

　　如图 3-16 所示，这是所选取部分目标函数曲线，随着迭代步的进行，迅速下降收敛的过程，最多能在 60 次计算左右就能寻找到最优解附近，因为加入了一维线搜索，所以目标函数就在最优解附近稳定下来，不再扰动。

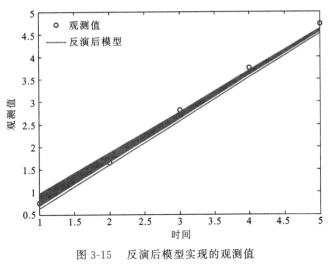

图 3-15 反演后模型实现的观测值

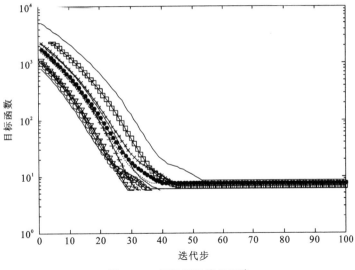

图 3-16 目标函数值的下降

如图 3-17 所示,这是 $\boldsymbol{m}_c$ 在每个时间步进行计算时,反演得到的 $\boldsymbol{m}_{\text{MAP}}$ 的平均值,它们收敛于真实解的效果是非常好的,基本上在第 4 步就已经接近真实解了。

(二) PUNQ-S3 油藏

PUNQ-S3 的油藏概况在第二章与本章第二节都有所描述,这里不再赘述。由式 (3-14) 结合 RML,目标函数 $O(\boldsymbol{m})$ 可近似转化为

$$O_{\text{R}}(\boldsymbol{p}) = \frac{1}{2}[\boldsymbol{p} - \boldsymbol{p}_{\text{uc}}]^{\text{T}}(\boldsymbol{p} - \boldsymbol{p}_{\text{uc}}) + \frac{1}{2}\{g[m(\boldsymbol{p})] - \boldsymbol{d}_{\text{uc}}\}^{\text{T}}\boldsymbol{C}_{\text{D}}^{-1}\{g[m(\boldsymbol{p})] - \boldsymbol{d}_{\text{uc}}\}$$

$$(3\text{-}44)$$

式中:$\boldsymbol{p}_{\text{uc}} \sim N(0, \boldsymbol{I}_{N_p})$。

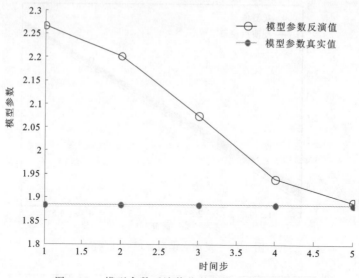

图 3-17　模型参数反演值收敛于模型参数真实值

对 10 个初始模型实现用 RML 方法进行拟合,再用 AIM-AG 优化算法进行优化,图 3-18、图 3-19 分别是拟合前后的渗透率场,可以看出,模型参数有限地改变了,其中比较明显的是第四层,网格中大部分的渗透率都有所增加。同时,初始模型较拟合后的模型更为粗糙。

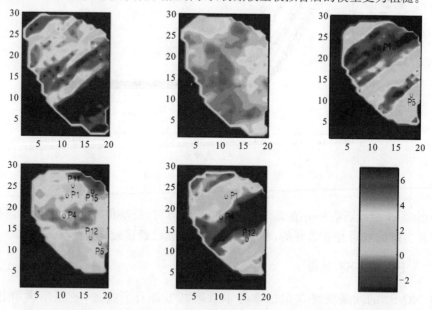

图 3-18　拟合后 10 个模型实现的累产油、累产水和累产气

拟合前后结果如图 3-20(图版 VII)和图 3-21(图版 XIII)所示。图中红线代表真实值,蓝线分别代表初始模型平均值和 MAP 估计,灰线代表初始估计。可以清楚地看出初始模型未能得到很好的估计值,而拟合后的结果却十分接近真实值。

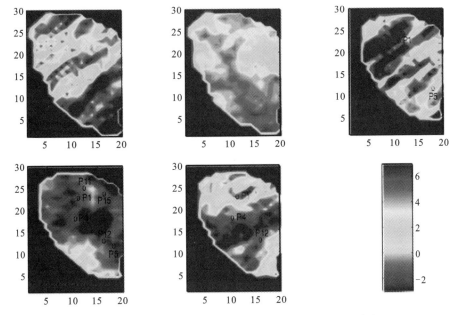

图 3-19 拟合后 10 个模型实现的累产油、累产水和累产气

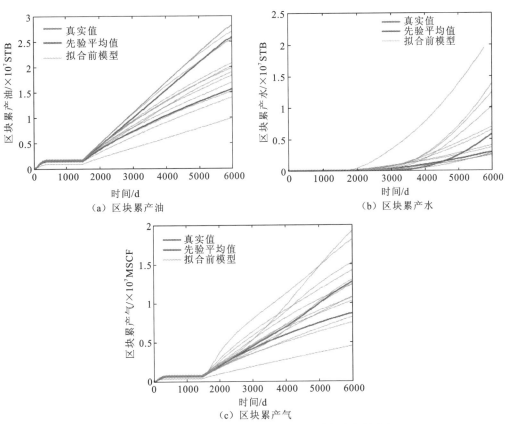

（a）区块累产油

（b）区块累产水

（c）区块累产气

图 3-20 10 个初始模型实现的累产油、累产水和累产气

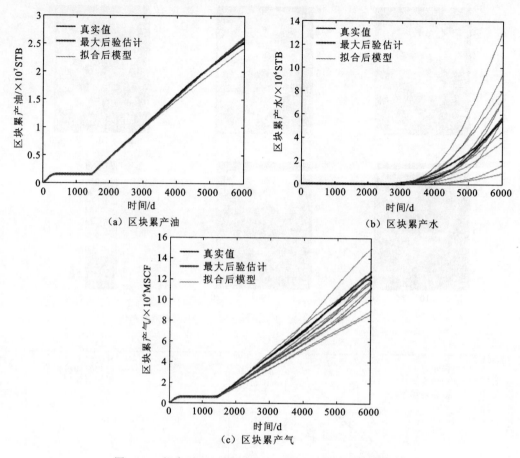

图 3-21　拟合后 10 个模型实现的累产油、累产水和累产气

第四节　集合卡尔曼滤波

一、基本原理

基于 RML 方法,对于每一对 m_{uc} 和 d_{uc},对式(3-21)进行整理可得

$$
\begin{aligned}
m_c &= H^{-1}C_M^{-1}m_{uc} + H^{-1}G^TC_D^{-1}d_{uc} \\
&= H^{-1}(G^TC_D^{-1}G + C_M^{-1} - G^TC_D^{-1}G)m_{uc} + H^{-1}G^TC_D^{-1}d_{uc} \\
&= H^{-1}(H - G^TC_D^{-1}G)m_{uc} + H^{-1}G^TC_D^{-1}d_{uc} \\
&= m_{uc} + H^{-1}G^TC_D^{-1}(d_{uc} - Gm_{uc}) \\
&= m_{uc} + [C_M^{-1} + G^TC_D^{-1}G]^{-1}G^TC_D^{-1}(d_{uc} - Gm_{uc})
\end{aligned}
\tag{3-45}
$$

由于当模型参数维数较大时，计算矩阵 C_M^{-1} 较为困难，此时，式（3-45）还可表示为如下形式（Oliver et al.，2008）：

$$m_c = m_{uc} + C_M G^T \left[G C_M G^T + C_D \right]^{-1} (d_{uc} - G m_{uc}) \tag{3-46}$$

考虑共生成 N_e 个随机油藏模型，对于第 j 个模型令 $m_j^u = m_{c,j}$，$m_j^p = m_{uc,j}$，则式（3-46）变为

$$m_j^u = m_j^p + C_M G^T (G C_M G^T + C_D)^{-1} (d_{uc,j} - G m_j^p) \tag{3-47}$$

如果当油藏生产系统符合线性关系时，式（3-47）可进一步表示为

$$m_j^u = m_j^p + C_M G^T \left[G C_M G^T + C_D \right]^{-1} \left[d_{uc,j} - g(m_j^p) \right] \tag{3-48}$$

式（3-48）所示即为 EnKF 方法模型更新方程，对于敏感系数矩阵 G 的求取往往是非常复杂的，通常需要采用伴随方法来获得。此处做如下近似处理，即 $G \approx \overline{G}$，其中，$\overline{G}$ 满足一阶泰勒展开式：

$$\begin{aligned} g(m_j^p) &\approx g(\overline{m}^p) + \overline{G}(m_j^p - \overline{m}^p) \\ &\approx \overline{g}^p + \overline{G}(m_j^p - \overline{m}^p) \quad (j = 1, 2, \cdots, N_e) \end{aligned} \tag{3-49}$$

其中，模型均值 $\overline{m}^p = \dfrac{1}{N_e} \displaystyle\sum_{j=1}^{N_e} m_j^p$，模型预测观测值均值 $\overline{g}^p = \dfrac{1}{N_e} \displaystyle\sum_{j=1}^{N_e} g(m_j^p)$。令 $C_{M,G}$ 表示为模型参数 m 与 $g(m)$ 的相关矩阵，其计算表达式为

$$\begin{aligned} C_{M,G} &\approx \frac{1}{N_e - 1} \sum_{j=1}^{N_e} (m_j^p - \overline{m}^p) \left[g(m_j^p) - \overline{g}^p \right]^T \\ &\approx \frac{1}{N_e - 1} \sum_{j=1}^{N_e} (m_j^p - \overline{m}^p) \left[m_j^p - \overline{m}^p \right]^T \overline{G}^T \approx C_M G^T \end{aligned} \tag{3-50}$$

令 $C_{D,D}$ 表示预测观测值 $g(m_j^p)$ 的协方差阵，则

$$\begin{aligned} C_{D,D} &\approx \frac{1}{N_e - 1} \sum_{j=1}^{N_e} \left[g(m_j^p) - \overline{g}^p \right] \left[g(m_j^p) - \overline{g}^p \right]^T \\ &\approx \frac{1}{N_e - 1} \sum_{j=1}^{N_e} \overline{G}(m_j^p - \overline{m}^p) \left[m_j^p - \overline{m}^p \right]^T \overline{G}^T \approx G C_M G^T \end{aligned} \tag{3-51}$$

将式（3-50）和式（3-51）代入到式（3-48）中，可以得到

$$m_j^u = m_j^p + C_{M,G} \left[C_{D,D} + C_D \right]^{-1} \left[d_{uc,j} - g(m_j^p) \right] \tag{3-52}$$

经过上述推导，可以看出式（3-52）所示 EnKF 方法更新方程实际上是将平均模型 $\overline{m}^p$ 处的敏感矩阵 $\overline{G}$ 近似为真实敏感系数矩阵 G 推导而来，因此，根据 RML 方法原理，当油藏生产系统为线性系统时，EnKF 方法更新后油藏模型能够给出历史拟合问题正确概率估计。此时，如果油藏生产系统在每个时间步计算得到观测值关于状态参数（压力、流体饱和度）也为线性模型时，基于 RML 进行数据同化的思路，即可得到 EnKF 进行数据同化的模型更新方程（Chen et al.，2010；Gao et al.，2005；Zafari et al.，2005）。

定义随机向量模型 S，其包含地质参数 m 及状态变量 y，即

$$S = \begin{bmatrix} m \\ y \end{bmatrix} \tag{3-53}$$

由 EnKF 计算公式,在 n 时刻对于第 j 个模型,数据同化更新方程为

$$\boldsymbol{S}_j^{u,n} = \boldsymbol{S}_j^{p,n} + \boldsymbol{C}_{S^{p,n},G^{p,n}} \left[\boldsymbol{C}_{D^{p,n},D^{p,n}} + \boldsymbol{C}_{D^n}\right]^{-1} (\boldsymbol{d}_{uc,j}^n - \boldsymbol{d}_j^{p,n}) \tag{3-54}$$

式中:$\boldsymbol{S}_j^{p,n}$ 为 n 时刻更新前向量;$\boldsymbol{S}_j^{u,n}$ 为 n 时刻更新后向量;$\boldsymbol{d}_{uc,j}^n$ 为 n 时刻观测数据向量;$\boldsymbol{d}_j^{p,n}$ 为 n 时刻第 j 个模型计算的观测数据向量。

根据式(3-50)和式(3-51),$\boldsymbol{C}_{S^{p,n},G^{p,n}}$ 和 $\boldsymbol{C}_{D^{p,n},D^{p,n}}$ 计算公式分别为

$$\boldsymbol{C}_{S^{p,n},G^{p,n}} = \frac{1}{N_e - 1} \sum_{j=1}^{N_e} (\boldsymbol{S}_j^{p,n} - \overline{\boldsymbol{S}}^{p,n}) \left[\boldsymbol{d}_j^{p,n} - \overline{\boldsymbol{d}}^{p,n}\right]^{\mathrm{T}} \tag{3-55}$$

$$\boldsymbol{C}_{D^{p,n},D^{p,n}} = \frac{1}{N_e - 1} \sum_{j=1}^{N_e} (\boldsymbol{d}_j^{p,n} - \overline{\boldsymbol{d}}^{p,n}) \left[\boldsymbol{d}_j^{p,n} - \overline{\boldsymbol{d}}^{p,n}\right]^{\mathrm{T}} \tag{3-56}$$

其中:$\overline{\boldsymbol{S}}^{p,n} = \dfrac{1}{N_e} \displaystyle\sum_{j=1}^{N_e} \boldsymbol{S}_j^{p,n}$;$\overline{\boldsymbol{d}}^{p,n} = \dfrac{1}{N_e} \displaystyle\sum_{j=1}^{N_e} \boldsymbol{d}_j^{p,n}$。

显然,基于式(3-54)～式(3-56)所示 EnKF 方法进行历史拟合,仅需要对每一个油藏模型在不同时间步进行重启计算即可,而不需要油藏模拟器从头算起,因此,其计算代价(模拟计算次数)可近似地认为仅与所使用的油藏模型个数 N_e 有关,适合进行大规模油藏模拟历史拟合问题的求解。

在使用 EnKF 方法进行实际历史拟合的时候使用较小规模实现的集合数去代替协方差矩阵,可能会在状态向量的元素之间,状态向量的元素和预测数据之间产生伪相关。在 EnKF 过程中,由于同化了距离较远处的观测数据,伪相关可能导致组成的状态向量发生不可忽略的变化,如果协方差矩阵能够准确地被表示出来,那么在 EnKF 中不会产生伪相关。当这些不正确的变化发生在 EnKF 的计算步骤中时,状态变量的方差准确度也会下降,这些误差也会导致历史拟合的后期准确度下降。

虽然大范围数据集合减少了造成抽样误差和有限的自由度的问题,但是考虑到计算效率,需要用到小范围的数据集合。在同化过程中,协方差矩阵通过与相关矩阵保积取代之前(预测)的协方差能够降低由于抽样误差造成的伪相关性,这个过程被称为协方差局部化。在协方差局部化的过程中,是由 Houtekamer 和 Mitchell 首先将保积利用在协方差函数中。他们指出在此过程中,更新后的模型比那些不使用局部化以及距离截断方法所有获得的模型数据更接近真实情况。

在 EnKF 的局部化方法思想中,最主要的是利用截断(Zhang et al.,2009),来使一定范围内的模型数据得到更新,而与这个截断之外的模型之间不产生相关性。相比传统的集合卡尔曼滤波,引进局部化的思想后,对于断层等复杂的地质构造油气藏,可以准确地反演模型参数,清楚了解地质构造对油气生产的影响。但是,由于地层情况的不确定性,在算法中需要人为地去调整参数,造成了很大的不确定性。为了减少不确定性,就需要个人的经验和判断了,这耗费了大量的时间和人力,所以该方法需要进一步的研究和改进。

二、计算实例

使用 Eclipse 油藏数值模拟软件,基于 EnKF 方法对前述使用的二维非均质油藏模型进行了历史拟合,选取前面序贯高斯模拟中生成的 100 个模型作为初始模型实现,利用前

7290 d 的动态数据对各模型实现进行数据同化,后面约 1700 d 用来对更新后模型实现的预测效果进行检验。部分模型实现数据同化前后渗透率分布如图 3-22 所示。由图 3-22 可知,各初始模型实现间渗透率分布差异较大,但是经过数据同化后,各实现间渗透率分布差异明显减小,且与真实油藏模型渗透率图 3-22(a) 相比,各实现均很好地把握油藏的真实特征,尤其是比较准确地反映出了高渗条带的位置,因此,可以看出应用 EnKF 方法进行历史拟合,其本质是在反演油藏模型参数基础上进一步减小各模型实现间的差异性,以提高对未来油藏预测效果不确定性的认识。

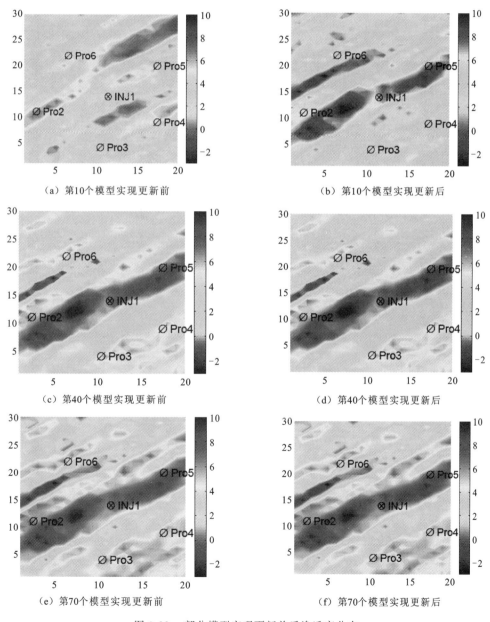

（a）第10个模型实现更新前　　　　　　　（b）第10个模型实现更新后

（c）第40个模型实现更新前　　　　　　　（d）第40个模型实现更新后

（e）第70个模型实现更新前　　　　　　　（f）第70个模型实现更新后

图 3-22　部分模型实现更新前后渗透率分布

图 3-23 反映了不同时刻平均模型渗透率的更新情况。显然，经过 300 d 同化后，平均模型已能够反映出高渗带的位置，但渗透率值相比真实油藏渗透率较小，而经过 3420 d，更新后的平均模型渗透率已非常接近真实模型，之后平均模型渗透率并无太大的变化。

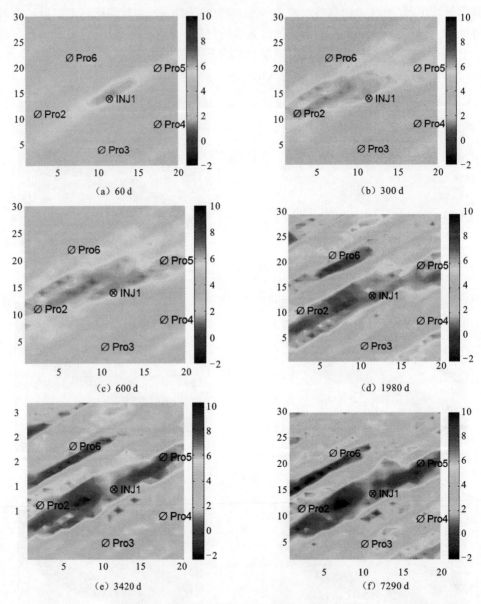

图 3-23　平均模型不同时刻更新后的渗透率分布

各初始模型实现及其平均模型进行数据同化前油藏模拟计算所得的各动态数据如图 3-24 所示，其中，红色曲线表示基于真实油藏模型的动态数据计算值，红色散点表示用来进行拟合观测数据，灰色曲线为基于各初始油藏模型实现计算的生产动态数据，蓝色曲线为平均油藏模型对应的生产动态数据计算值。可以看出,初始各油藏模型实现计算的生产动态数据差别较大,均无法较好拟合实际生产动态观测数据。

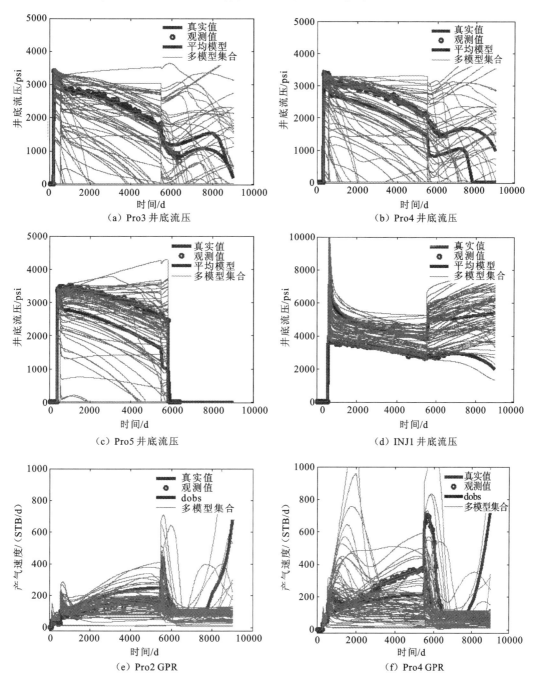

图 3-24 数据同化前动态数据计算结果

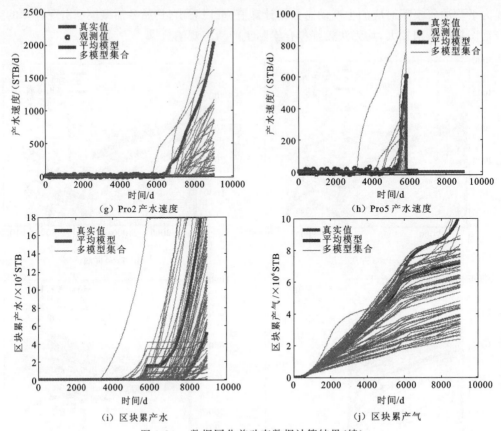

（g）Pro2 产水速度　　　　　　　（h）Pro5 产水速度

（i）区块累产水　　　　　　　　（j）区块累产气

图 3-24　数据同化前动态数据计算结果（续）

　　图 3-25（图版 XIII～XV）所示为利用 EnKF 方法进行数据同化过程中油藏模拟器重启计算所得生产数据的拟合情况，显然，相比初始模型实现生产动态数据计算值，基于 EnKF 方法所得各油藏模型实现的生产动态数据差异明显减小，且与真实观测值比较吻合，在预测阶段（7290 d 后），更新后各模型实现较好地把握了未来油藏的生产动态变化，有效地降低了油藏认识的不确定性。

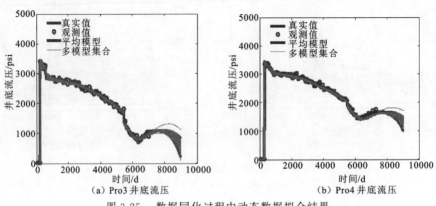

（a）Pro3 井底流压　　　　　　　（b）Pro4 井底流压

图 3-25　数据同化过程中动态数据拟合结果

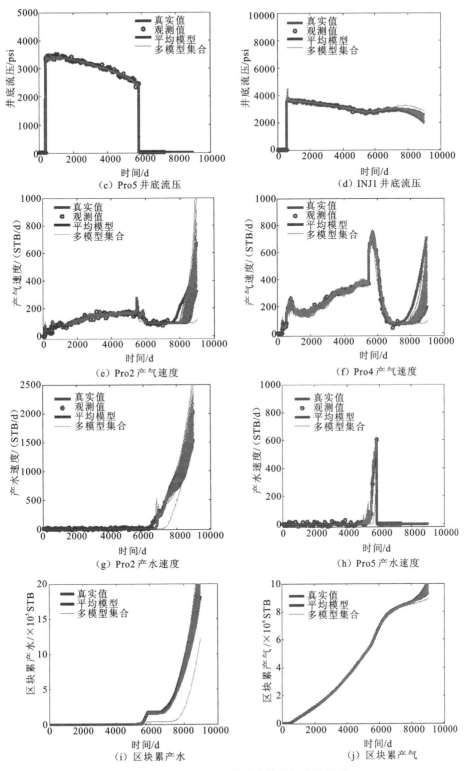

图 3-25 数据同化过程中动态数据拟合结果(续)

  但 EnKF 方法是在时间步上通过油藏数值模拟重启计算来逐步拟合生产动态数据，当前步的油藏模型状态变量（网格内压力、油气水饱和度等）是基于上一步重启计算到当前步的结果，再根据 EnKF 更新方程计算得到的，而并非根据地质模型参数从 0 时刻计算所得，因此，对于非线性较强的问题，EnKF 方法数据同化中重启计算的动态数据与从 0 时刻重新算起所得的动态数据不完全具有一致性（Zhao et al.，2008）。此外，EnKF 数据同化过程中每个模型实现各时间步仅能够进行一次迭代更新，且更新过程伴随较为复杂的矩阵操作计算，而不像前面提出的参数变换法，其计算过程简单，通过无梯度优化算法可以不断地对模型进行迭代更新，使目标函数值下降。

  图 3-26 所示为基于 EnKF 方法所得各油藏模型实现的历史拟合目标函数值。计算结果显示，更新后第 28 个油藏模型实现所计算得到的历史拟合目标函数值最小为 2304.5，更新后第 22 个油藏模型实现所计算得到的历史拟合目标函数值最大为 8960.1，平均油藏模型对应的历史拟合目标函数值为 3621.2。可见，对于该测试实例，利用 EnKF 方法所得历史拟合目标函数值比基于参数变换法结合 QIM-AG 算法所得目标函数值稍大，但其整体生产动态数据的历史拟合效果还是令人满意的，且该方法更新后的油藏模型实现能够一定程度地反映油藏模型的不确定性，因此，易于和前面提到的鲁棒优化方法相结合进行基于多油藏模型的闭环生产优化管理的研究。

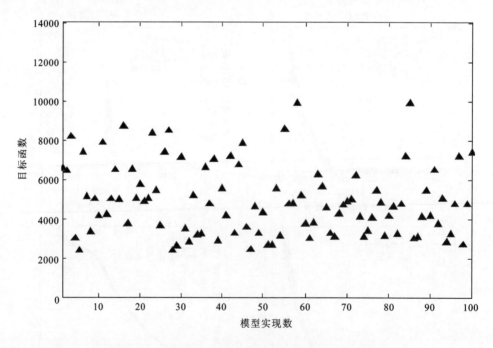

图 3-26 数据同化所得各模型实现历史拟合目标函数

第五节　集合平滑多数据同化

一、基本原理

Van Leeuwen 等(1996)提出了一种弱约束的集合平滑方法(ensemble smoother)。这种方法运用集合同化过程来表示模型在时间和空间上修改与演化,并且能求得最小方差估计。对于线性模型,EnKF 和 ES 的计算效果是相同的。对于高非线性系统模型,EnKF 存在状态变量更新与模型参数更新不一致的问题(Wang et al.,2010;Thulin et al.,2007),ES 避免了 EnKF 方法的困境,但数据拟合结果较差,并且难以对模型不确定性进行定量描述(Chen et al.,2012;Reynolds et al.,2006)。

ES-MDA 方法能够解决这两个问题(Wang et al.,2010)。ES-MDA 方法是通过膨胀的测量误差协方差矩阵对同一组观测数据进行多次同化。对于线性问题,通过选择膨胀系数可以保证使单数据和多数据同化方式是等价的。但是对于非线性问题,它们是有区别的。ES 近似于使用现有初始集合估计所得到的平均灵敏性矩阵来做一次牛顿-高斯迭代。从这种角度来说,使用 ES-MDA 可以被解释为使用 ES 进行"多次迭代"(通过事先定义好的迭代次数,即膨胀系数)。实例计算中的结果表明,在相同的运算消耗下 ES-MDA 得到的数据拟合效果要比 EnKF 好。这样就只需要在集合中进行多次较小的修正来避免大型矩阵的一次牛顿-高斯迭代。

考虑预测生产数据向量 d 对模型参数向量 m 满足下述线性关系式:

$$d = Gm \tag{3-57}$$

式中:$G \in \Re^{N_d \times N_m}$,可以认为是观测数据 $g(m)$ 对模型 m 的敏感系数矩阵或是雅克比矩阵。为了多次同化数据,进行如下定义:

$$\tilde{d}_{obs} \equiv \begin{bmatrix} d_{obs} \\ \vdots \\ d_{obs} \end{bmatrix}$$

$$\widetilde{G} \equiv \begin{bmatrix} G \\ \vdots \\ G \end{bmatrix} \tag{3-58}$$

$$\tag{3-59}$$

$$\tag{3-60}$$

$$\widetilde{C}_D \equiv \begin{bmatrix} \alpha_1 C_D & 0 & \cdots & 0 \\ 0 & \alpha_2 C_D & \cdots & 0 \\ \vdots & & \ddots & \vdots \\ 0 & \cdots & \cdots & \alpha_{N_a} C_D \end{bmatrix}$$

式中:d_{obs},G,C_D 向量与矩阵均为简单的复制 N_a 次,故线性关系变换为

$$\tilde{d} = \widetilde{G}m \tag{3-61}$$

对于观测向量

$$\tilde{d}_{uc} \equiv \begin{bmatrix} d_{uc}^1 \\ \vdots \\ d_{uc}^{N_a} \end{bmatrix} \tag{3-62}$$

式中:$d_{uc}^i \sim N(d_{obs}, a_i C_D)(i=1,2,\cdots,N_a)$,值得注意的是上标 i 指向的是第 i 组同化数据而不是时间。

对于自动历史拟合的目标函数,在 ESMDA 方法下,修改为如下形式:

$$\tilde{m}_a = \arg\min_m \tilde{O}(m) \tag{3-63}$$

其中,

$$\tilde{O}(m) = \frac{1}{2}[m-m_{uc}]^T C_M^{-1}(m-m_{uc}) + \frac{1}{2}[\tilde{d}_{uc} - \tilde{G}m]^T \tilde{C}_D^{-1}(\tilde{d}_{uc} - \tilde{G}m) \tag{3-64}$$

基于初始先验信息和观测值生成多个随机油藏模型实现(m_{uc})及观测向量实现($\tilde{d}_{uc}$),其计算公式如下:

$$m_{uc} = m_{pr} + C_M^{1/2} Z_m \tag{3-65}$$

$$\tilde{d}_{uc} = \tilde{d}_{obs} + \tilde{C}_D^{1/2} \tilde{Z}_d \tag{3-66}$$

式中:$C_M^{1/2}$ 和 $\tilde{C}_D^{1/2}$ 均由 Cholesky 分解法获得,且分别满足 $C_M^{1/2} C_M^{T/2} = C_M$ 及 $\tilde{C}_D^{1/2} \tilde{C}_D^{T/2} = \tilde{C}_D$;$Z_m$ 和 $\tilde{Z}_d$ 分别为符合标准正态分布的随机向量,其中 $\tilde{Z}_d \sim N(0, I_{N_a N_d})$,$Z_m \sim N(0, I_{N_m})$。

对于 ESMDA,模型参数向量更新方程有如下表示方式:

$$m^u = m^p + C_M \tilde{G}^T [\tilde{G} C_M \tilde{G}^T + \tilde{C}_D]^{-1}(\tilde{d}_{uc} - \tilde{G}m) \tag{3-67}$$

ESMDA 实际计算步骤如下:

(1) 选择 N_a 及相应的系数 a_i($i=1,2,\cdots,N_a$);

(2) 开始循环从 1 至 N_a 对每个模型集合成员从零时刻开始计算观测向量,并使用 $d_{uc} = d_{obs} + \sqrt{a_i} C_D^{1/2} Z_d$ 对向量进行扰动,其中,$Z_d \sim N(0, I_{N_d})$;

(3) 对集合向量 m 使用下式进行更新,并且里面的 C_D 替换为 $a_i C_D$

$$m_j^a = m_j^f + C_{MD}^f (C_{DD}^F + C_D)^{-1}(d_{uc,j} - d_j^f) \tag{3-68}$$

证明过程如下。

要想证明单数据和多数据同化的等价性,只需要证明 $\tilde{m}_a \sim N(m_{MAP}, C_{MAP})$,其中,$m_{MAP}$ 表示最大后验估计;C_{MAP} 为真实的后验协方差矩阵。

$$\begin{aligned} m_{MAP} &= C_{MAP}(C_M^{-1} m_{pr} + G^T C_D^{-1} D_{OBS}) \\ &= m_{pr} + C_M G^T (C_D + G C_M G^T)^{-1}(d_{obs} - G m_{pr}) \end{aligned} \tag{3-69}$$

因为后验概率分布函数是高斯的,所以只用证明:

$$\begin{cases} E[\tilde{m}_a] = m_{MAP} \\ \text{Cov}[\tilde{m}_a] = E[(\tilde{m}^a - m_{MAP})(\tilde{m}^a - m_{MAP})T] = C_{MAP} \end{cases} \tag{3-70}$$

根据 $E[\tilde{m}_a]$ 的表达式,可得

$$E[\widetilde{\boldsymbol{m}}_a] = \boldsymbol{C}_{\mathrm{MAP}}\left\{ \boldsymbol{C}_{\mathrm{M}}^{-1}[\boldsymbol{m}_{\mathrm{pr}} + \boldsymbol{C}_{\mathrm{M}}^{1/2}E(\boldsymbol{Z}_m)] + \widetilde{\boldsymbol{G}}^{\mathrm{T}}\widetilde{\boldsymbol{C}}_{\mathrm{D}}^{-1}[\widetilde{\boldsymbol{d}}_{\mathrm{obs}} + \widetilde{\boldsymbol{C}}_{\mathrm{D}}^{1/2}E(\widetilde{\boldsymbol{Z}}_d)] \right\}$$

$$= \boldsymbol{C}_{\mathrm{MAP}}\{ \boldsymbol{C}_{\mathrm{M}}^{-1}\boldsymbol{m}_{\mathrm{pr}} + \widetilde{\boldsymbol{G}}^{\mathrm{T}}\widetilde{\boldsymbol{C}}_{\mathrm{D}}^{-1}\widetilde{\boldsymbol{d}}_{\mathrm{obs}} \}$$

$$= \boldsymbol{C}_{\mathrm{MAP}}\left\{ \boldsymbol{C}_{\mathrm{M}}^{-1}\boldsymbol{m}_{\mathrm{pr}} + [\boldsymbol{G}^{\mathrm{T}} \quad \cdots \quad \boldsymbol{G}^{\mathrm{T}}] \begin{bmatrix} \dfrac{1}{\alpha_1}\boldsymbol{C}_{\mathrm{D}}^{-1} & \cdots & 0 \\ \vdots & \ddots & \vdots \\ 0 & \cdots & \dfrac{1}{\alpha_{N_a}}\boldsymbol{C}_{\mathrm{D}}^{-1} \end{bmatrix} \begin{bmatrix} \boldsymbol{d}_{\mathrm{obs}} \\ \vdots \\ \boldsymbol{d}_{\mathrm{obs}} \end{bmatrix} \right\}$$ (3-71)

$$= \boldsymbol{C}_{\mathrm{MAP}}\left\{ \boldsymbol{C}_{\mathrm{M}}^{-1}\boldsymbol{m}_{\mathrm{pr}} + [\boldsymbol{G}^{\mathrm{T}} \quad \cdots \quad \boldsymbol{G}^{\mathrm{T}}] \begin{bmatrix} \dfrac{1}{\alpha_1}\boldsymbol{C}_{\mathrm{D}}^{-1}\boldsymbol{d}_{\mathrm{obs}} \\ \vdots \\ \dfrac{1}{\alpha_{N_a}}\boldsymbol{C}_{\mathrm{D}}^{-1}\boldsymbol{d}_{\mathrm{obs}} \end{bmatrix} \right\}$$

$$= \boldsymbol{C}_{\mathrm{MAP}}\left[\boldsymbol{C}_{\mathrm{M}}^{-1}\boldsymbol{m}_{\mathrm{pr}} + \left(\sum_{i=1}^{N_a} \frac{1}{\alpha_1} \right) \boldsymbol{G}^{\mathrm{T}}\boldsymbol{C}_{\mathrm{D}}^{-1}\boldsymbol{d}_{\mathrm{obs}} \right]$$

当且仅当 $\sum\limits_{i=1}^{N_a} \dfrac{1}{\alpha_i} = 1$ 时，$E[\widetilde{\boldsymbol{m}}_a] = \boldsymbol{m}_{\mathrm{MAP}}$。

由 Emerick 和 Reynolds(2012) 所著文献可以得到

$$\mathrm{Cov}[\widetilde{\boldsymbol{m}}_a] = \boldsymbol{C}_{\mathrm{MAP}}(\boldsymbol{C}_{\mathrm{M}}^{-1} + \widetilde{\boldsymbol{G}}^{\mathrm{T}}\widetilde{\boldsymbol{C}}_{\mathrm{D}}^{-1}\widetilde{\boldsymbol{G}})\boldsymbol{C}_{\mathrm{MAP}}$$ (3-72)

由 $\boldsymbol{Z}_m$ 和 $\widetilde{\boldsymbol{Z}}_d$ 分别为符合标准正态分布的随机向量，其中 $\widetilde{\boldsymbol{Z}}_d \sim N(0, \boldsymbol{I}_{N_a N_d})$，$\boldsymbol{Z}_m \sim N(0, \boldsymbol{I}_{N_m})$。所以，

$$\mathrm{cov}[\widetilde{\boldsymbol{m}}_a] = \boldsymbol{C}_{\mathrm{MAP}}\left\{ \boldsymbol{C}_{\mathrm{M}}^{-1} + [\boldsymbol{G}^{\mathrm{T}} \quad \cdots \quad \boldsymbol{G}^{\mathrm{T}}] \begin{bmatrix} \dfrac{1}{\alpha_1}\boldsymbol{C}_{\mathrm{D}}^{-1} & \cdots & 0 \\ \vdots & \ddots & \vdots \\ 0 & \cdots & \dfrac{1}{\alpha_{N_a}}\boldsymbol{C}_{\mathrm{D}}^{-1} \end{bmatrix} \begin{bmatrix} \boldsymbol{G} \\ \vdots \\ \boldsymbol{G} \end{bmatrix} \right\} \boldsymbol{C}_{\mathrm{MAP}}$$ (3-73)

$$= \boldsymbol{C}_{\mathrm{MAP}}\left\{ \boldsymbol{C}_{\mathrm{M}}^{-1}\boldsymbol{m}_{\mathrm{pr}} + \left(\sum_{i=1}^{N_a} \frac{1}{\alpha_1} \right) \boldsymbol{G}^{\mathrm{T}}\boldsymbol{C}_{\mathrm{D}}^{-1}\boldsymbol{d}_{\mathrm{obs}} \right\} \boldsymbol{C}_{\mathrm{MAP}}$$

$$= \boldsymbol{C}_{\mathrm{MPA}}\boldsymbol{C}_{\mathrm{MAP}}^{-1}\boldsymbol{C}_{\mathrm{MAP}}$$

$$= \boldsymbol{C}_{\mathrm{MAP}}$$

可以看出其最终所得 MAP 估计与拟合完全部生产数据后所得模型估计是一致的。

二、计算实例

使用 Eclipse 油藏数值模拟软件，基于 ES-MDA 方法对前述使用的二维非均质油藏模型进行了历史拟合。与 EnKF 相同，选取前面序贯高斯模拟中生成的 100 个模型作为初始模型

实现,利用前 7290 d 的动态数据对各模型实现进行数据同化,后面约 1700 d 用来对更新后模型实现的预测效果进行检验。N_a 选取不同值得到的拟合结果如图 3-27(图版 XV)所示。可以明显看出,随着 N_a 的增大,拟合的效果越来越好,$N_a = 2$ 和 5 时,已经能很好反映出真实油藏特征。同时,与 EnKF 相比,对高渗带的拟合效果更精确。

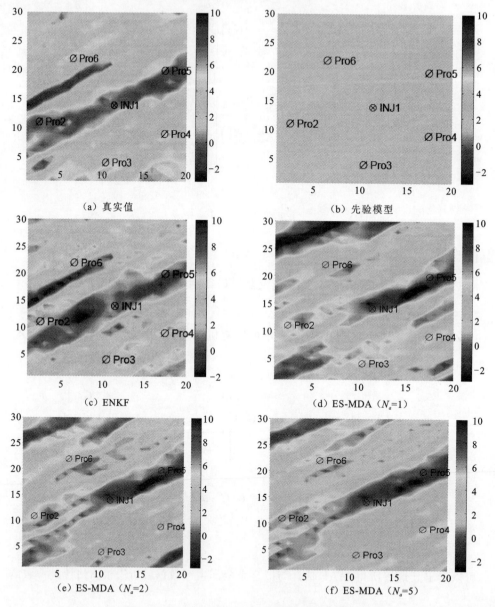

图 3-27　EnKF 与 ES-MDA 渗透率拟合结果对比

作为集合类算法,ES-DMA 的同化前的模型实现所产生的动态计算结果可参照 EnKF 前文的算例。图 3-28 ~ 图 3-30(图版 XV ~ XVIII)为 ES-MDA 拟合方法 N_a 取不同值时拟合的效果,可以看出,拟合效果较为理想,特别是 $N_a = 5$ 时,拟合结果几乎与真实值重合,因此,可以说,ES-MDA 是一种十分有效、稳定的拟合方法。

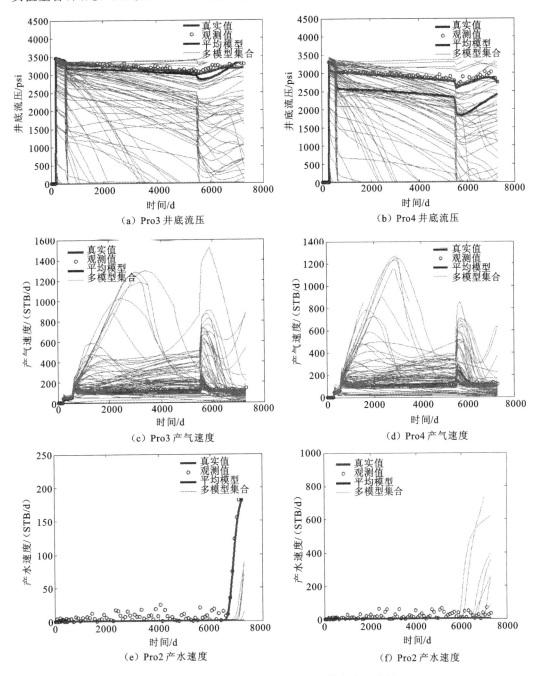

图 3-28 $N_a = 1$ 时 ES-MDA 动态数据拟合结果

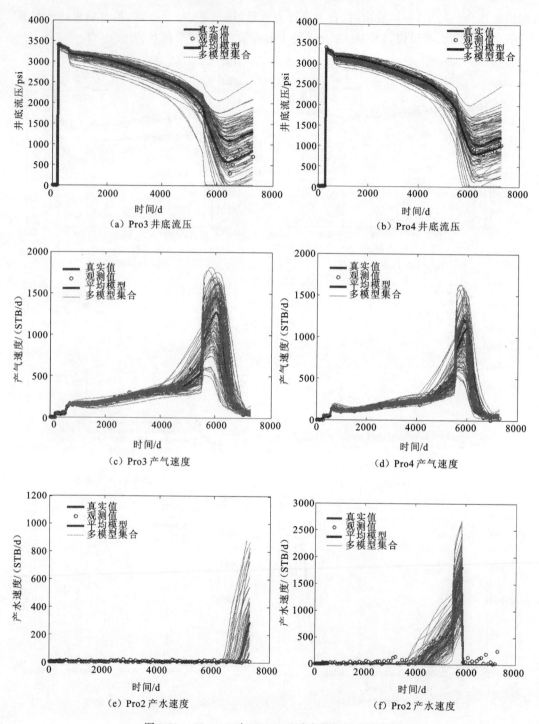

（a）Pro3 井底流压

（b）Pro4 井底流压

（c）Pro3 产气速度

（d）Pro4 产气速度

（e）Pro2 产水速度

（f）Pro2 产水速度

图 3-29 $N_a = 2$ 时 ES-MDA 动态数据拟合结果

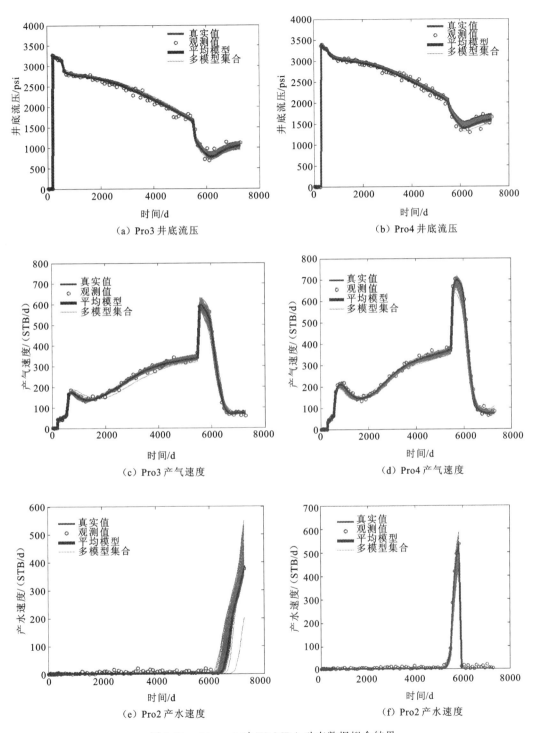

图 3-30　$N_a = 5$ 时 ES-MDA 动态数据拟合结果

第六节　本章小结

　　油藏模拟历史拟合问题属于典型的反问题。本章根据贝叶斯统计理论建立了油藏模拟历史拟合数学模型,在考虑多模型实现的基础上,创建了一种参数降维法,对历史拟合问题目标函数进行了降维处理,并结合无梯度优化方法对历史拟合问题进行了求解。对于集合类数据同化法,本章从随机极大似然原理角度出发,给出集合卡尔曼滤波方法的详细推导过程,并验证 EnKF 方法的适用条件。随后介绍了集合平滑多数据同化方法的简单计算步骤,为进行大规模油藏自动历史拟合问题的研究提供了新思路。

　　参数变换法可近似对油藏模拟历史拟合目标函数进行降维处理,有效地避免了历史拟合中大规模矩阵操作的计算。计算实例显示,该方法结合无梯度优化算法,反演得到油藏模型,其预测生产数据与真实值较为吻合,相比初始先验模型更能逼近真实油藏模型。EnKF 与 ES-MDA 方法都是有效的数据同化方法,能够比较好地匹配实际观测数据,应用实例显示,ES-MDA 方法所得生产数据历史拟合效果要略好于 EnKF 方法拟合效果。

第四章 油藏开发闭环生产优化测试实例

基于前面的研究方法,利用 Eclipse 油藏数值模拟软件,将油藏生产优化和油藏自动历史拟合两个过程相结合,对不同实例进行了油藏闭环生产优化计算及对比分析。其中,实例一为二维油藏模型,实例二为三维油藏模型,该油藏来源于英国北海的 Brugge 油藏,是目前大规模闭环优化测试中常用的模型。在进行优化前,简要阐述闭环生产优化的基本计算流程。

(1)基于地质统计学信息生成初始油藏模型,利用 QIM-AG 算法对初始油藏模型进行油藏生产优化,确定当前油藏不确定性条件下的最优控制方案;

(2)将所得到的开发方案代入到真实油藏模型中进行油藏模拟计算,生成第一个控制时间步的生产观测数据,该过程实则是模拟实际油藏的生产过程;

(3)对第一控制步所得到的观测数据,通过自动历史拟合方法对初始油藏模型进行更新和修正,降低油藏模型的不确定性,提高对油藏地质条件的认识;

(4)以更新后的油藏模型为基础,进行下一步油藏生产优化和历史拟合,确定新的生产开发方案并进一步降低油藏模型的不确定性,不断持续该过程,直到闭环优化过程结束。

第一节 二维非均质油藏

在该计算实例中,主要考虑了两种油藏闭环生产优化策略。第一种策略(简称 Parameterization + NO)是在历史拟合过程中通过参数变换法(parameterization)来更新油藏模型,然后以更新后的油藏为对象进行单模型油藏生产优化(nominal optimization),历史拟合和生产优化过程均通过 QIM-AG 算法进行求解;第二种策略(简称 EnKF + RO)是通过 EnKF 方法来实时更新油藏模型,利用 QIM-AG 算法以更新后的多油藏模型进行鲁棒生产优化,制定未来的开发方案。此外,为了显示油藏闭环生产优化的效果,将这两种优化策略与 RC 方案结果也进行了对比。

所建油藏为二维三相油藏,模型网格系统为 $20 \times 30 \times 1$,网格尺寸大小为 DX = DY = 150 ft,DZ = 30 ft。油藏初始含油饱和度为 0.8,初始油藏压力为 2500 psi。油藏真实渗透率场如图 4-1(a)所示。进行自动历史拟合时,不管是参数变换法还是 EnKF 方法均需要若干个初始油藏模型实现,这里主要基于序贯高斯模拟方法产生了 100 个初始油藏模型实现。用这些模型的平均模型作为参数变换法中的初始先验模型估计,其渗透率分布如图 4-1(b)所示。部分油藏模型实现渗透率分布如图 4-2(图版 XVIII ~ XIX)所示。油藏采用五点法井网,含有 4 口生产井和 9 口注水井。进行生产优化时,每口井每 120 d 进行一次调控,总控制步数为 10,因此,总优化时间为 1200 d,控制变量个数为 $(4+9) \times 10 = 130$。优化过程中,所有注水井均基于流量控制,其上下边界分别为 1500 STB/d 和 0 STB/d;所有生产井基于井底流压控制,其上下边界分别为 3500 psi 和 2000 psi。原油价格为 50.0 \$/STB,产水成本价格 10.0 \$/STB,年利率为 5%。历史

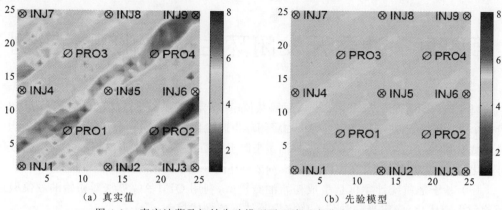

（a）真实值　　　　　　　（b）先验模型

图 4-1　真实油藏及初始先验模型平面渗透率分布（对数刻度）

拟合需要反演的参数主要包括每个网格的平面渗透率以及孔隙度，共计1200 个。需要进行历史拟合的生产动态数据主要包括注水井的井底压力（BHP），生产井的产油速度（OPR）及产水速度（WPR），因此，在每一步完成闭环管理的生产优化阶段后，将开发方案代入真实模型中将生成 17 个新的观测数据（9 个 BHP、4 个 OPR 和 4 个 WPR）用于下面进行历史拟合。

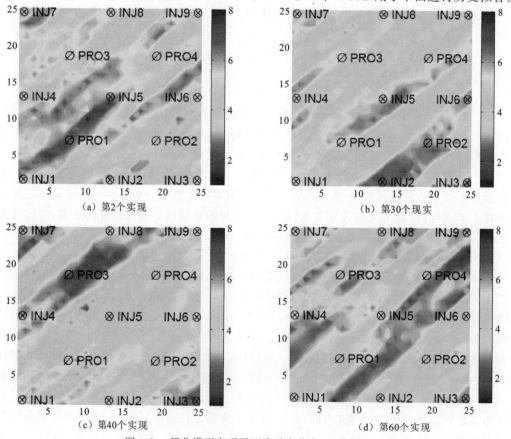

（a）第2个实现　　　　　　　（b）第30个现实

（c）第40个实现　　　　　　　（d）第60个实现

图 4-2　部分模型实现平面渗透率分布（对数刻度）

在进行第一步油藏闭环管理时,生产优化阶段初始控制变量设置为:每口注水井注入速度为 700 STB/d,每口生产井 BHP 为 2000 psi,历史拟合阶段应用参数变换法结合 QIM-AG 算法求时,其初始估计为初始先验模型(图 4-1(b))。基于 Parameterization＋NO 策略下不同时刻更新后油藏模型的平面渗透率分布如图 4-3 所示,经过 480 d 更新后(完成第 3 步闭环优化),所得油藏模型已能够较好地反映出高渗条带的分布,尤其是连接注水井 INJ、INJ5 和 INJ9 的高渗带,而到 600 d 时(完成第 5 步闭环优化),反演得到的油藏模型已能够非常好地逼近真实模型,其低渗区域也已清晰可见,其后,油藏模型渗透率变化不再明显。图 4-4 反映了基于 EnKF＋RO 策略下平均油藏模型的更新情况,显然,平均模型在 480 d 更新后,与真实油藏模型渗透率比较吻合,其后,平均模型变化不大,但是该策略下所得平均模型在连接注水井 INJ、INJ5 和 INJ9 的高渗带部位,其宽度要大于 Parameterization＋NO 策略反演所得结果,而后者无疑更接近真实模型。

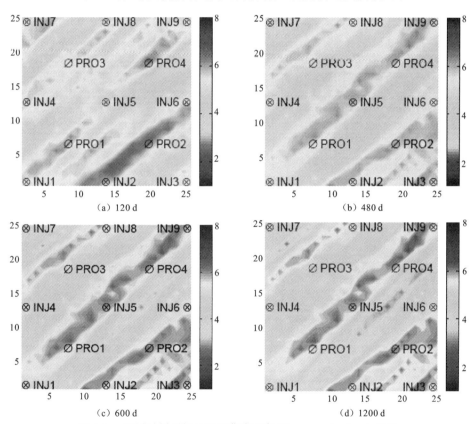

图 4-3　　不同时刻更新后的油藏渗透率(Parameterization＋NO)

图 4-5 所示为在 Parameterization＋NO 策略下利用 QIM-AG 算法优化所得生产动态数据历史拟合情况,显然,初始先验模型预测生产数据与真实值相差较大,经过 QIM-AG 算法优化,其 MAP 模型给出了较好的历史拟合效果,其预测生产数据与真实值非常接近。图 4-6 反映了基于 EnKF＋RO 策略下各模型实现的数据同化结果。可以看出,各模型

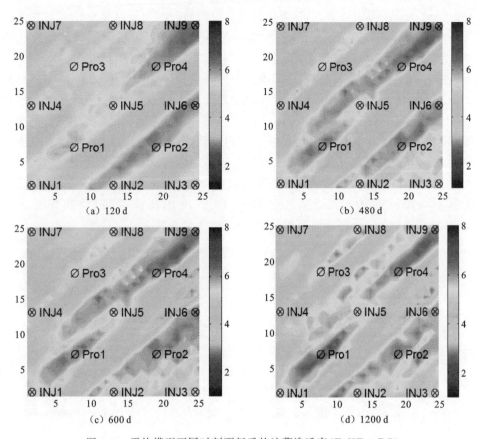

图 4-4　平均模型不同时刻更新后的油藏渗透率（EnKF ＋ RO）

实现在初始阶段预测动态数据具有较大的差异性，并没有很好地匹配观测数据，但经过数据同化后，动态数据的拟合效果不断提高，各模型实现的差异性不断降低，因此，有效地把握了油藏动态变化的趋势，减小了油藏模型认识的不确定性。

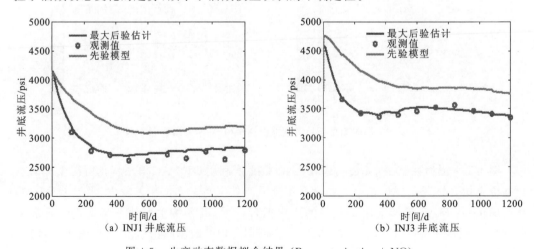

图 4-5　生产动态数据拟合结果（Parameterization ＋ NO）

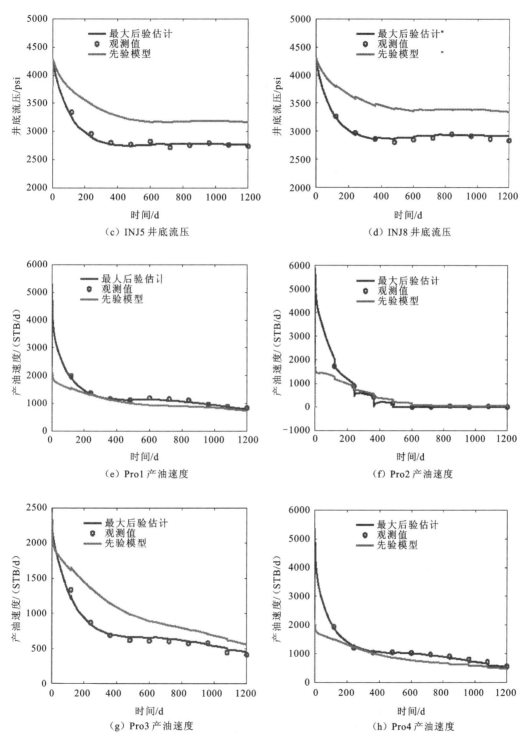

图 4-5　生产动态数据拟合结果（Parameterization ＋ NO）（续）

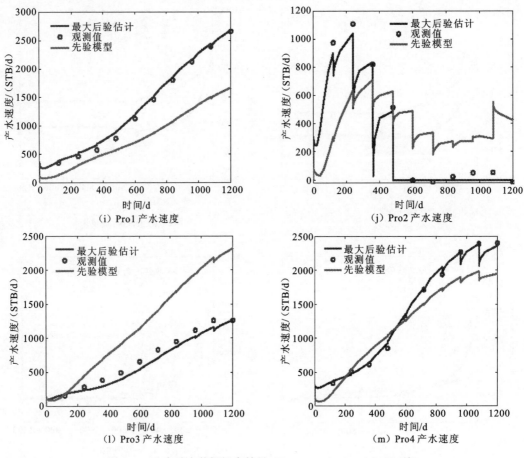

（i）Pro1 产水速度

（j）Pro2 产水速度

（l）Pro3 产水速度

（m）Pro4 产水速度

图 4-5 生产动态数据拟合结果（Parameterization＋NO）（续）

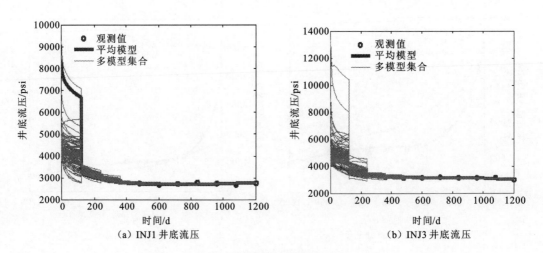

（a）INJ1 井底流压

（b）INJ3 井底流压

图 4-6 生产动态数据拟合结果（EnKF＋RO）

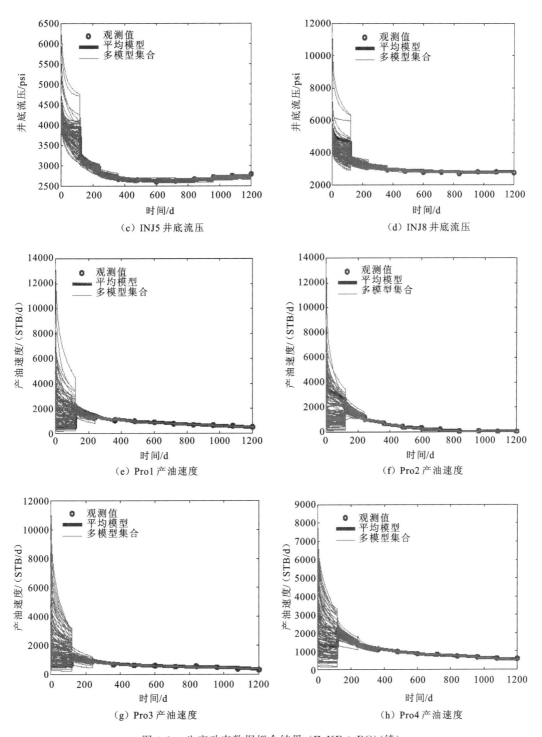

（c）INJ5 井底流压　　　　　　　　　　（d）INJ8 井底流压

（e）Pro1 产油速度　　　　　　　　　　（f）Pro2 产油速度

（g）Pro3 产油速度　　　　　　　　　　（h）Pro4 产油速度

图 4-6　生产动态数据拟合结果（EnKF＋RO）（续）

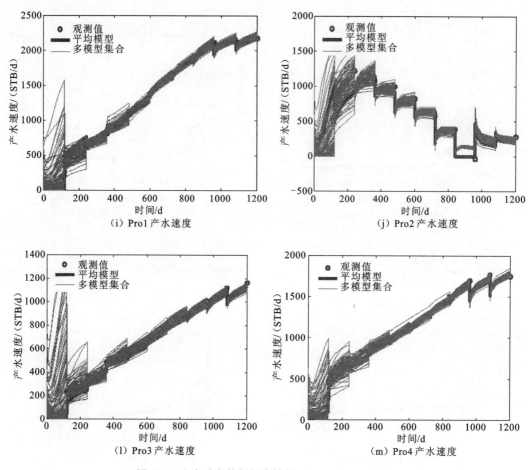

图 4-6　生产动态数据拟合结果（EnKF＋RO）（续）

　　两种闭环生产策略优化所得最终生产调控方案如图 4-7 和图 4-8(图版 XIX) 所示。可以看出，对于生产井 BHP 的控制，两种方案调控规律是一致的，生产井 Pro2 大部分时间内主要维持在较高的压力控制下；对于注水井注入流量的控制，两者有所区别，在Parameterization＋NO 策略优化的结果中，除 INJ3、INJ4 和 INJ8 保持较高的注入流量外，而 INJ2 也趋向于较高的注入速度。将这两种闭环生产策略所得生产方案代入真实油藏模型中，通过油藏数值模拟运算，最终统计出它们优化得出的油藏动态指标，并与 RC 方法结果进行了对比，如表 4-1 所示。显然，两种策略优化后其 NPV 值及累产油量相比 RC 方案有了明显的提高，其中，EnKF＋RO 策略 NPV 提高了 21.5％，Parameterization＋NO 策略的 NPV 提高了 22.7％。两种策略优化后的累产水及累注水量与 RC 方案相比却大幅度降低，尤其是累注水量，Parameterization＋NO 和 EnKF＋RO 两种策略分别比 RC 方案降低了 52.1％ 和 53.2％。

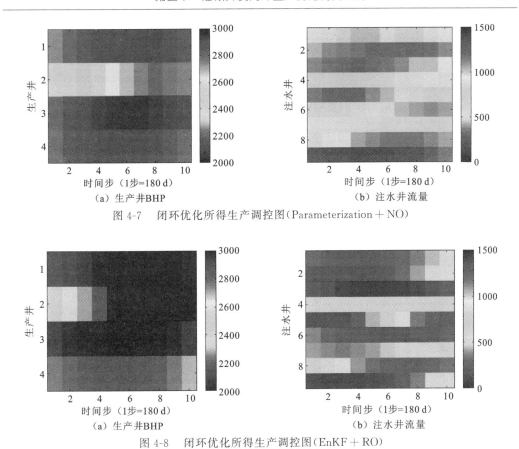

图 4-7　闭环优化所得生产调控图（Parameterization＋NO）

图 4-8　闭环优化所得生产调控图（EnKF＋RO）

表 4-1　各生产策略基于真实模型各指标计算结果对比

生产策略	NPV／×10⁸ \$	累产油／×10⁶ STB	累产水／×10⁶ STB	累注水／×10⁶ STB
RC	1.376	4.072	6.446	16.23
EnKF＋RO	1.689	4.280	4.528	7.776
Parameterization＋NO	1.671	4.210	4.603	7.607

　　另外，可以看出 EnKF＋RO 策略 NPV 优化效果要略优于 Parameterization＋NO 的结果，这是由于前者更能充分考虑油藏模型的不确定性。但是 EnKF＋RO 策略中因为使用鲁棒优化策略，其油藏模拟器的计算代价要远大于 Parameterization＋NO 策略，而且 EnKF 方法更新模型时需要进行大量的重启运算及矩阵操作。当油藏模型规模较大时，会大大增加闭环管理的计算代价，而 Parameterization＋NO 策略中使用 QIM-AG 算法有效地将闭环管理的两个优化过程有效地统一起来，且不需要进行大量的矩阵操作运算，因此，其具有较高的计算效率，适于处理大规模油藏闭环生产优化管理。

　　图 4-9 显示出了不同生产策略下油藏动态指标的变化情况。可以看出，经过闭环生产优化后，相比 RC 方法，区块后期产量递减得到了明显改善。日产油量在生产后期依然维

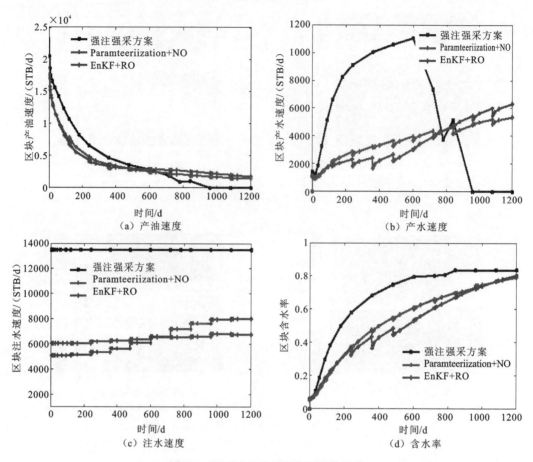

图 4-9 区块各生产动态指标变化对比

持在一个较高的水平,而日产水量得到了较好的抑制,日注水水平相对降低,有效地降低了生产成本,优化后区块的含水率在生产期内均低于 RC 方法结果,含水率上升相对平稳,起到了降水增油的效果。从图 4-10(图版 XX)所示油藏最终剩余油饱和度分布来看,两种闭环生产管理方案均在一定程度上提高了水驱波及效率。

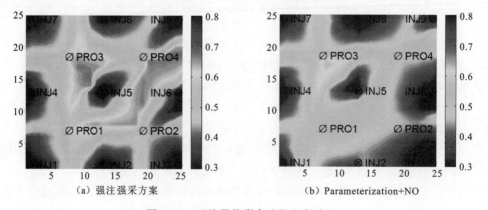

图 4-10 区块最终剩余油饱和度对比

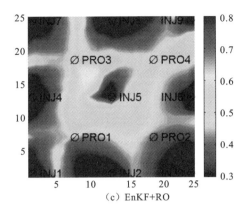

图 4-10　区块最终剩余油饱和度对比(续)

第二节　北海 Brugge 油藏

这里 Brugge 油藏(Chen et al.,2009)模型为三维三相模型,是进行大规模油藏闭环生产优化管理常用的一个模型。其初始油藏原型共含有 450 000 个网格,并最终由 TNO 公司对原油藏模型进行了网格粗化,网格数约为 60 048 个。TNO 公司提供了该模型前 10 年的实际生产数据,根据测井及相态数据,又给出了 104 个初始地质模型实现,便于各油藏工作者进行历史拟合研究。Brugge 油藏模型含有 9 个小层,平面网格系统划分为 139×48,总有效网格数为 44 550,油藏顶面构造及井位分布如图 4-11(图版 XX)所示。

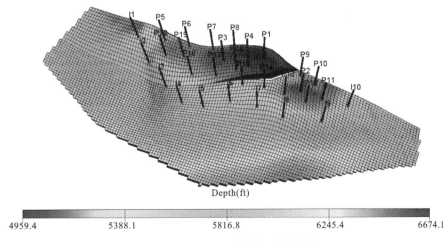

图 4-11　Brugge 油藏顶面构造图

油藏共有 30 口智能井,其中,生产井 20 口,注水井 10 口,每口智能井井筒内均含有 2 个或 3 个可控制流体流动的控制阀(segments),所有生产井共计含有 54 个控制阀,所有注水井共计含有 30 个控制阀。进行历史拟合的观测数据包括油水井的井底流压(BHP),生产井的产油速度(OPR)及产水速度(WPR)。对该模型进行油藏闭环优化中,油藏工作者主要根据前 10 年的观测数据进行历史拟合,然后,以更新后的油藏模型制定后面 20 年的生产优化方案。历史拟合中需要反演的参数包括每个网格的净毛比(NTG)、渗透率(kx、ky、kz)、孔隙度及初始含油饱和度,共计约 267 000 个。进行生产优化时,每口井每半年(182.5 d)进行一次调控,总控制步数为 40,总优化时间为 20 年(7300 d)。控制变量为生产井控制阀产液速度(LPR)以及注水井控制阀的注入速度(WIR),总控制变量个数为(54+30)×40 = 3360。在优化过程中,要求每口生产井产液速度不超过 3000 STB/d,注水井注入速度不超过 4000 STB/d。显然,该生产优化问题需要满足线性约束条件,其约束条件总数为 30×40 = 1200 个。优化中原油价格为 80.0 \$/STB,产水成本和注水成本价格均为 5.0 \$/STB,年利率为 10%。显然,该测试模型无论从反演地质模型参数、控制变量及约束条件个数上来看,均属于大规模油藏闭环生产优化问题。Chen 等基于 EnKF 方法并结合伴随梯度类生产优化方法对该问题进行了研究,这里以 Eclipse 油藏模拟器为基础,应用所提出的无梯度优化方法对该实例进行了测试。采用鲁棒优化方法的计算代价太大,因此,仅考虑采取 Parameterization+NO 的闭环优化策略,在历史拟合阶段,基于参数变换法结合 QIM-AG 算法反演油藏地质模型,并以反演后的模型为基础,通过增广拉格朗日函数法对其进行生产优化。

利用 TNO 公司提供的 104 个模型实现进行了参数变换,并将这些模型的平均值作为初始先验模型估计,如图 4-12(a)(图版 XXI)所示。使用 QIM-AG 算法进行历史拟合优化时,初始信赖域半径 $\delta_0 = 0.4$、最大信赖域半径 $\delta_{\max} = 2.4$,每个迭代步需 5 次随机扰动计算来求取平均梯度,最终经过 211 次油藏模拟计算目标函数收敛,优化结果如图 4-13 所示。反演所得油藏渗透率分布如图 4-12(b)所示。经过 QIM-AG 算法优化后部分井的动态数据拟合情况如图 4-14 和图 4-15 所示,可以看出反演所得 MAP 模型相比初始先验模型预测生产数据与真实值比较吻合,给出了较好的历史拟合效果,可以用于下一步生产优化方案的制定。

基于反演后 MAP 油藏模型,应用增广拉格朗日函数法对其进行了生产优化。优化前每个注水井控制阀的注入速度恒为 1333.3 STB/d,每个生产井控制阀产液速度恒为 700 STB/d。优化中设定初始惩罚因子 $\mu_0 = 0.1$、拉格朗日乘子 $\lambda_{c,j}^0 = 0.0$ $(j = 1,2,\cdots,10)$、初始参数 $\bar{\eta} = 100.0, \tau = 0.02, \gamma = 0.5, \alpha_\eta = 0.5, \beta_\eta = 0.5, \eta^* = 20.0$。QIM-AG 算法进行优化时在每个内循环迭代步使用 10 次随机扰动计算来求取平均梯度,最终经过 331 次油藏模拟计算收敛,其计算结果如图 4-16 所示。该图显示了优化过程中 NPV 以及增广拉格日函数的变化情况,当 NPV 值与增广拉格朗日函数值相同时,则说明约束没有违反。可以看出,整个优化过程主要经过了 3 个外循环,第 1 次外循环在第 90 次模拟计算时收敛,第 2 次外循环在第 177 次油藏模拟计算时收敛,此时违反约束程度比较严重,因此,在进入下次外循环时,增广拉格郎日函数有比较大的下降,以使优化朝向满足约束条件的方向搜索,而后又经过约 80 次模拟计算,整个优化过程逐步收敛,并满足所有约束条件。优化后油藏 NPV 从优化前的 2.83×10^9 \$,提高到 4.22×10^9 \$,增加了近 50%。

优化后的生产调控方案如图 4-17(图版 XXI)所示。从优化结果来看,前 30 个生产井控

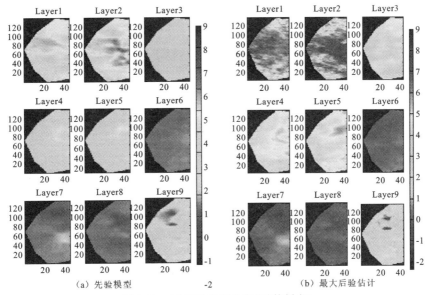

（a）先验模型　　　　　　　　　　　　　　（b）最大后验估计

图 4-12　平面渗透率分布（对数刻度）

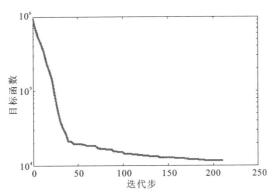

图 4-13　历史拟合目标函数优化结果

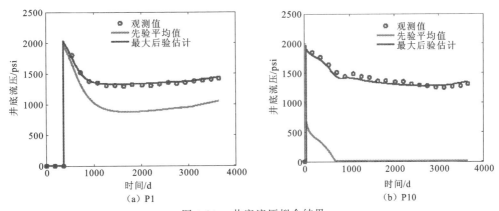

（a）P1　　　　　　　　　　　　　　（b）P10

图 4-14　井底流压拟合结果

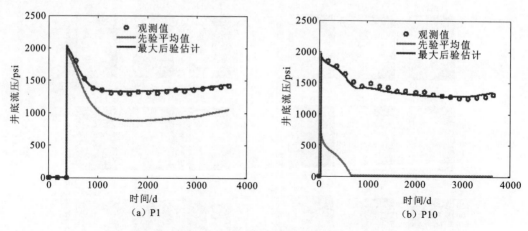

图 4-14　井底流压拟合结果(续)

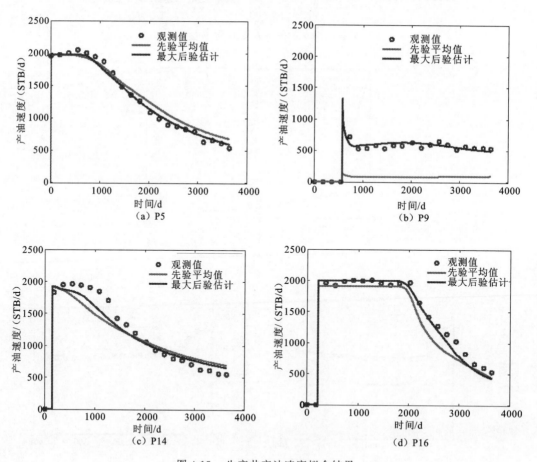

图 4-15　生产井产油速度拟合结果

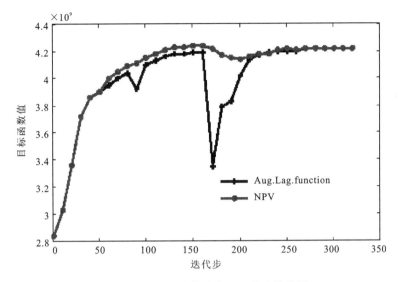

图 4-16　基于增广拉格朗日函数法优化结

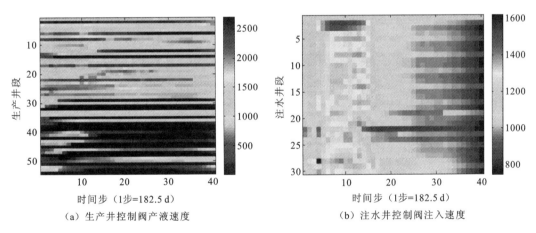

（a）生产井控制阀产液速度　　　　　　　（b）注水井控制阀注入速度

图 4-17　闭环优化所得生产调控图（Parameterization＋NO）

　　制阀主要处于相对较高的流量控制下，这些控制阀对应前 10 口生产井，从顶面构造图来看它们主要位于构造较低油藏断层的边部，距离注水井较远。而后面 24 个生产井控制阀则主要处于相对较低的流量控制下，它们距离注水井较近，以抑制注入水的产出。而注水井则普遍表现为前期注入速度逐步提高，到开发后期又逐步减小的控制趋势。部分油水井在不同时间内的流量控制结果如图 4-18（图版 XXII）所示，图中显示了各井内不同控制阀的流量以及整个井的流量，显然图中所示的生产井产液速度均不超过 3000 STB/d，注水井注入速度均不超过 4000 STB/d，满足约束条件。

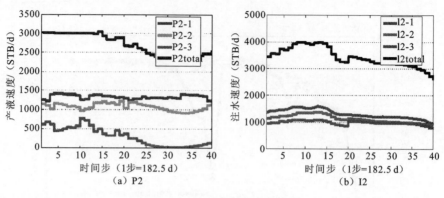

图 4-18　部分井流量控制结果

第三节　本章小结

基于前面的研究方法,利用 Eclipse 油藏数值模拟软件,将油藏生产优化和油藏自动历史拟合两个过程相结合,对不同实例进行了油藏闭环生产优化计算及对比分析。

在实例一 —— 二维非均质油藏模型中,主要考虑了 Parameterization＋NO 和 EnKF＋RO 两种油藏闭合生产优化策略。结果显示 Parameterization＋NO 与 EnKF＋RO 两种策略在初始先验模型预测生产数据与真实值相差较大情况下,拟合效果都很理想。两种策略优化后其 NPV 值及累产油量相比 RC 方案有了明显的提高,但由于 EnKF＋RO 策略更能充分考虑油藏模型的不确定性,其 NPV 优化效果要略优于 Parameterization＋NO 的结果,但代价也远大于 Parameterization＋NO 策略。

实例二为三维油藏模型,该油藏来源于英国北海的 Brugge 油藏,是目前大规模闭环优化测试中常用的模型。在历史拟合阶段,基于参数变换法结合 QIM-AG 算法反演油藏地质模型,可以看出反演所得 MAP 模型相比初始先验模型预测生产数据与真实值比较吻合,以反演后的模型为基础,通过增广拉格朗日函数法对其进行生产优化。

第五章 油藏闭环生产优化软件及其应用

油藏开发闭环优化软件是以油藏数值模拟技术为基础，在一定的操作系统下采用某种计算机语言编制，用来拟合实际油藏生产动态并做出实时优化方案调整。为了使软件能够运算正确、界面友好、使用方便，必须严格按照软件工程的要求和思想来进行软件的开发，保证软件产品的正确性、可用性和软件的生产效率。

第一节 油藏开发闭环优化软件简介

油藏开发闭环优化软件是基于 Visual Basic 6.0 视窗编程语言和 Frotran 90 高级计算语言开发的，使用环境为 Windows 98/2000/XP。软件代码总行数为 3.25 万余行，为突出实用性，软件采用模块化设计，并支持并行运算。软件主要用于快速进行油藏模拟历史拟合求解，反演和修正油藏地质模型，并基于修正后的模型对后期油藏不同开发阶段的注采政策参数进行优化，提高油藏开发效果。

软件基于油藏数值模拟技术、最优控制和反问题求解理论，通过 EnKF、ES-MDA 数据同化法和 SVD 参数降维方法对历史拟合问题进行求解。两种方法均可用于大规模实际油藏自动历史拟合问题，同时结合实际油藏注采参数特点及约束条件，采用随机扰动近似方法和投影梯度法进行油藏注采参数的快速优化，运算输出自动历史拟合结果对比效果图和生产动态指标优化结果。

RPCOS 能够和 KarstSim 与 Eclipse 模拟器结合进行历史拟合和生产优化计算，主要由五个部分组成：历史拟合、生产优化、结果输出、辅助工具和帮助（图 5-1）。历史拟合模块反演模型参数的类型全面，适合于大规模反问题的求解，并支持多任务并行计算；生产优化模块能够优化包括油水井注采速度、井底压力等各种调控参数，可以施加各种约束条件，使开发方案更符合实际现场需要。

软件各个部分之间相互独立、互不干扰，最大限度发挥软件的实用性。点击每个模块时会弹出执行运行的工作目录，输入文件和计算结果均会存放在该目录下，便于用户查看。软件具有如下功能特点。

（1）计算功能强大、界面友好、输入输出文件简单易懂，便于用户掌握；

（2）数据准备和输入置于表格或图形方式下实现，自动生成运算数据文件，整个过程快捷直观；

（3）数据操作功能灵活方便，完全实现软件数据同 Office 办公软件接口；

（4）软件运算结果图表数据可方便进行保存，输出至 Excel 软件；

（5）充分利用现有的显示器、打印机或屏幕拷贝机等外部设备，输出形象精美的报告图表，并能对打印功能进行各种设置。

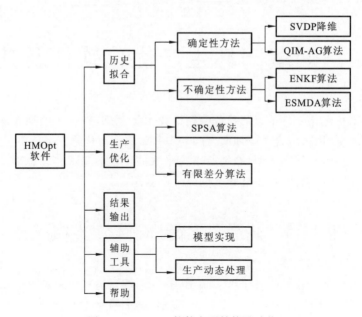

图 5-1　RPCOS 软件主要结构及功能

软件各模块的功能简介如下(图 5-2)。

图 5-2　软件主界面

一、历史拟合模块

RPCOS 历史拟合模块采用了当前最新的油藏渗流理论反问题求解方法,主要包括参数降维法、EnKF 法、ESMDA 法,可用于大规模油藏模拟历史拟合问题的求解。

历史拟合计算中,用户可根据需要选取反演的油藏参数,如渗透率、孔隙度,以及油水相渗曲线等。根据不同的决策要求,用户可以灵活地发挥 RPCOS 的能力。历史拟合模块相比其他辅助历史拟合软件,具有以下特点。

(1) 自动历史拟合软件能直接读取 Eclipse 软件油藏数模文件,自动从数模文件读取需要的数据(包括模拟参数、地质模型、流体数据、相渗数据、初始化数据、观测值数据等)。

(2) 历史拟合模块反演模型参数的类型全面,且用户可自主选择相应的反演参数,包括地址参数、相渗曲线、水体、井指数等。

(3) 用户可自主设定拟合分区,实现局部反演油藏参数。所有计算模块均支持重启案例的自动历史拟合计算,所有算法均支持多任务并行计算,适合于大规模反问题的求解。

(4) 前处理模块能自动将油藏数模文件转化为自动历史拟合数据,并能设定自动历史拟合参数。

(5) 计算功能强大、界面友好、输入输出文件简单易懂,便于用户掌握。

(6) 数据准备和输入置于表格或图形方式下实现,自动生成运算数据文件,整个过程快捷直观。

(7) 数据操作功能灵活方便,完全实现软件数据同 Office 办公软件接口。

(8) 运算输出自动历史拟合结果对比效果图,软件运算结果图表数据可方便进行保存、输出至 Excel 软件。

(9) 充分利用现有的显示器、打印机或屏幕拷贝机等外部设备,输出形象精美的报告图表,并能对打印功能进行各种设置。

历史拟合计算中,用户可根据需要选取文件路径(图5-3)反演的油藏参数,如渗透率、孔隙度,以及油水相渗曲线等。根据不同的决策要求,用户可以灵活地发挥软件的能力。根据历史拟合问题所需的计算资源,软件可以与单个数模协同工作,也可以同时启动多个模拟作业,例如可以同时运行一个、两个、五个或八个数模作业(图5-4),完全根据您的综合需要,最大限度地提高拟合效率。同时,拟合后的模型互不相关,可方便地用于下一步动态不确定性预测及风险性评价。

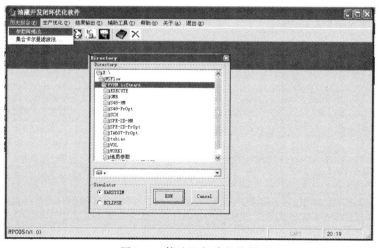

图 5-3　算法运行路径选择

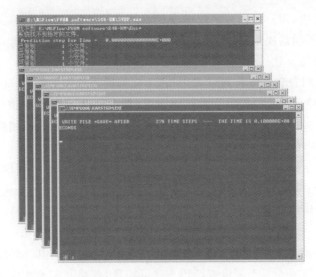

图 5-4　算法并行运算界面显示

二、生产优化模块

RPCOS 生产优化模块使用了一种新的方案设计方法,该模块基于随机扰动近似法和投影梯度法进行油藏生产优化求解,能够充分考虑控制参数,包括井底压力、产液速度和注入速度,且能够设置包括单井上下边界、区块产量、区块注入量等的各种指标的约束条件,最大限度地获得和实际油藏相匹配的生产指标,图 5-5 显示的是生产优化运行,图 5-6显示的是算法并行运算界面。

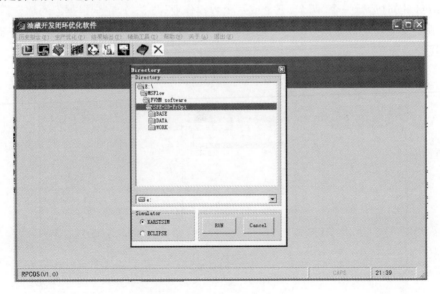

图 5-5　生产优化运行路径选择

图 5-6　算法并行运算界面显示

三、结果输出模块

结果模块能够以树形列表方式直观显示历史拟合和生产优化的计算结果,支持计算结果曲线和数据的保存,并可将数据输出到 Excel 表格中,便于进一步编辑和应用。

查看历史拟合的结果通过图 5-7 所示选项选择进行查看,图 5-8 和图 5-9 显示的是历史拟合结果及导出至 Excel 的数据。

对于生产优化的计算结果,其输出结果界面如图 5-10 ～ 图 5-12 所示,图中可分别查看 NPV 迭代优化结果、优化前后动态指标结果、优化前后单井控制参数等。该界面同样支持图形、数据表等的保存。

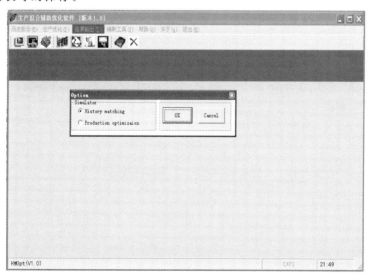

图 5-7　计算结果显示选项

图 5-8　历史拟合结果

	A	B	C	D	E
1	Time	TRUE	MAP	dobs	Prior
2	31	67.129	67.127	66.543	67.127
3	61	373.57	373.52	336.939	373.52
4	92	364.135	364.08	332.988	364.08
5	123	371.742	371.68	393.948	371.68
6	151	370.121	370.11	383.337	370.11
7	182	365.881	366.09	375.776	366.09
8	212	269.583	269.64	274.443	269.64
9	243	306.832	306.95	300.15	306.95
10	273	389.317	389.54	388.94	389.54
11	304	381.871	381.84	371.055	381.84
12	335	418.219	418.11	421.909	418.11
13	365	416.3	416.31	441.461	416.31
14	396	488.759	489.102	470.332	489.102
15	426	691.42	689.52	664.534	689.52
16	457	802.481	801.138	834.395	801.138
17	488	844.729	842.75	834.7	842.75
18	516	907.086	906.06	800.79	906.06

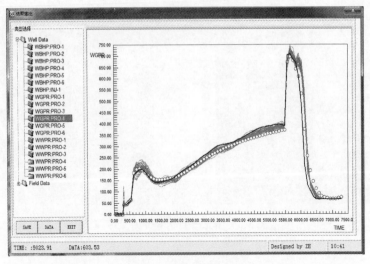

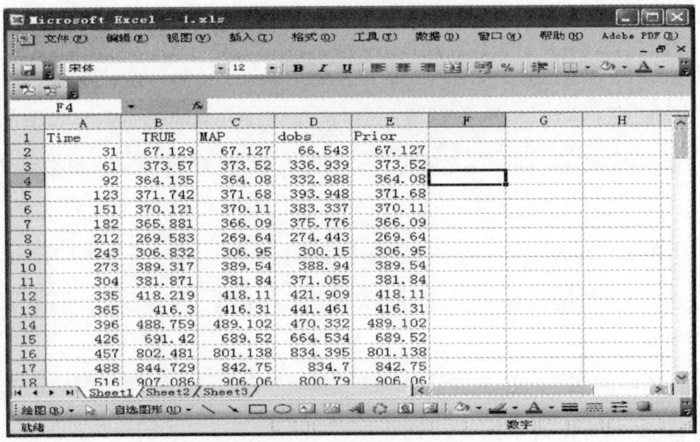

图 5-9　数据导出至 Excel 表格

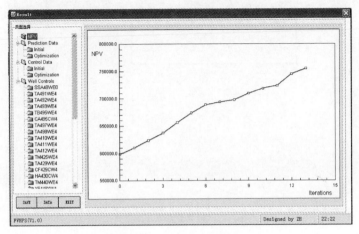

图 5-10　NPV 计算结果

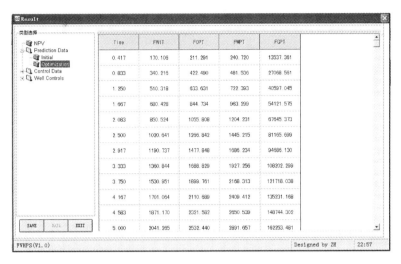

图 5-11　优化后动态指标

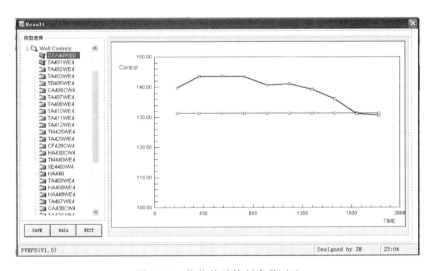

图 5-12　优化前后控制参数对比

四、辅助工具模块

　　为便于用户使用,历史拟合和生产优化运行时所需要的各种输入文件可通过软件辅助工具模块进行建立,其包括模型实现、生产动态、历史拟合设置和生产优化设置四部分,分别用于建立参数模型实现、生产动态数据、历史拟合和生产优化基本参数的设置等。如图 5-13 ～ 图 5-16 所示。

　　点击主菜单中"帮助"项中的"帮助文件"选项,即可打开软件帮助文件,如图 5-17 所示。

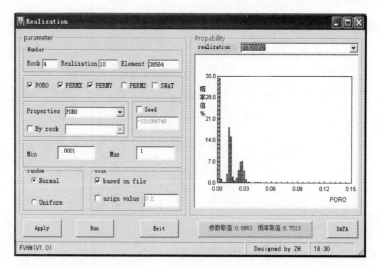

图 5-13　模型实现界面

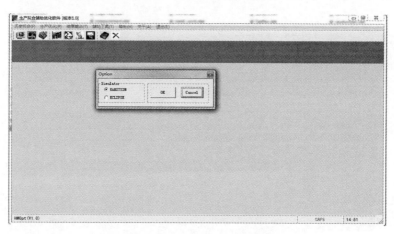

图 5-14　生产动态模拟器选择界面

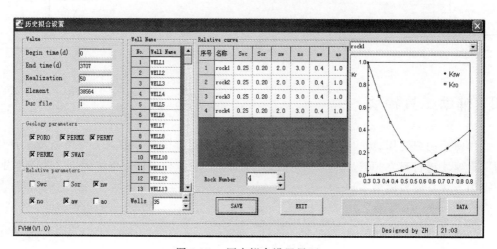

图 5-15　历史拟合设置界面

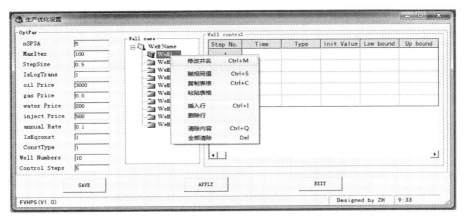

图 5-16　生产优化设置界面

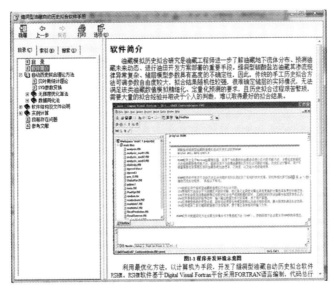

图 5-17　帮助文件

第二节　计算实例

一、塔河 S80 单元

(一) 区块概况

塔河 S80 单元为典型的缝洞型油藏,其裂缝、溶洞较为发育,非均质性强,该单元地质储量 1393×10^4 t,平均原油黏度为 34.9 mPa·s,累产油 343.7×10^4 t,该单元含油水井共计 30 口,早期水体能量充足,目前累积注采比为 0.3451。所建数值模型网格体系为 76×115×20,其地质构造概况如图 5-18(图版 XXII)所示。

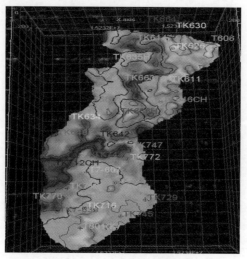

图 5-18　S80 区块构造图

(二)自动历史拟合

在进行自动历史拟合前,利用赵辉等(2014)取得的井间连通性成果,进行井间连通性反演。其基本思想是将油藏系统离散成一个个井与井之间的连通单元,每个单元有两个特征参数:传导率和控制体积。前者表征了单元的流动能力,后者反映了其物质基础。反演结果如图 5-19 所示,括号中的值分别为井间的控制体积与传导率。根据连通性反演信息,在主力层位对网格物性进行人工修改。

在人工拟合的基础上,对模型进行自动历史拟合。值得指出的是,该油藏以 ES-MDA 方法进行自动历史拟合过程中的模型实现并非由序贯高斯随机模拟,而是由两套变差函数,三套克里金插值方法构成,模型数为 32。该模型定液生产,主要对产油指标进行拟合。该模型反演的参数包括孔隙度、X 方向及 Z 方向渗透率。拟合的动态指标为单井以及区块所对应井日产液、日产油、日产水、累产油等。拟合结果如图 5-20 所示,可以看出,整体拟合效果理想,更新后的油藏数值模型能较好地反映地下的实际情况。

(三)生产优化

基于拟合后的油藏模型进行了多模型的鲁棒生产优化,优化参数为油井日产液量和水井日注入量。优化前方案采用最后一个时刻工作制度下进行生产 1800 d;优化后方案初始值和优化前一致,每 180 d 优化一次工作制度,共 1800 d。油的单价取 1000 元/m^3,产出废水的处理成本取 400 元/m^3,年利率取 10%。NPV 迭代计算结果如图 5-21 所示。优化前后区块累产油和产水变化曲线如图 5-22、图 5-23 所示,经过优化后累产增加了近 9 万 m^3,累计增油 37.7%,含水率增加 5%。

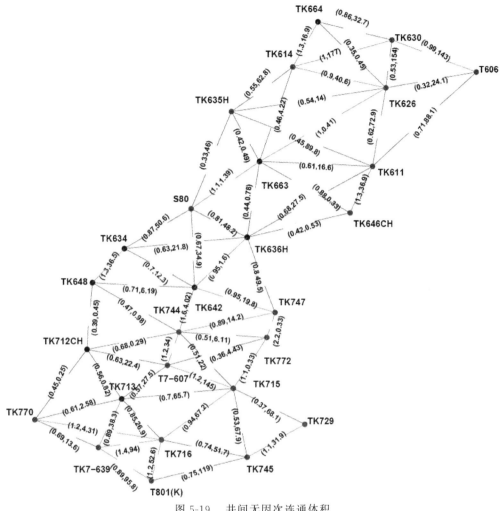

图 5-19　井间无因次连通体积

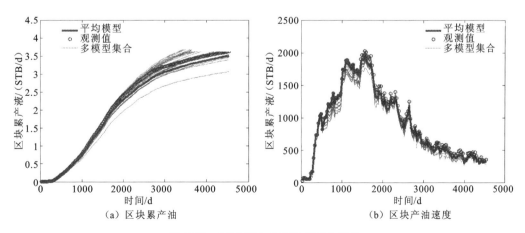

（a）区块累产油　　　　　　　（b）区块产油速度

图 5-20　ES-MDA 动态数据拟合结果

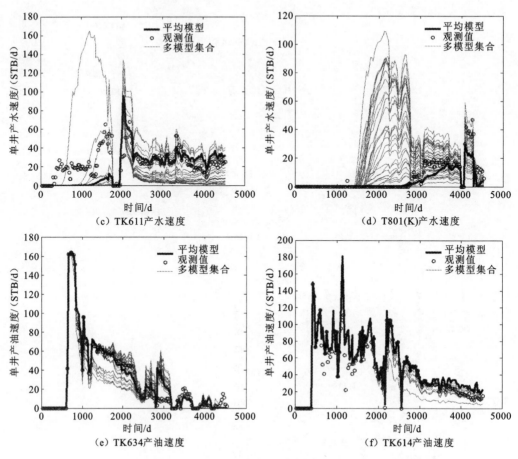

图 5-20　　ES-MDA 动态数据拟合结果（续）

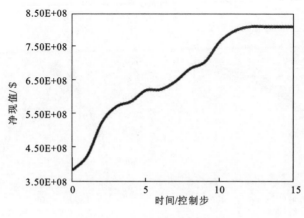

图 5-21　　NPV 迭代优化结果

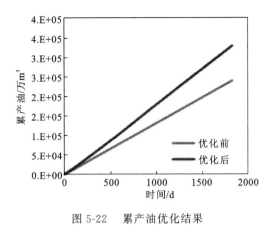

图 5-22 累产油优化结果

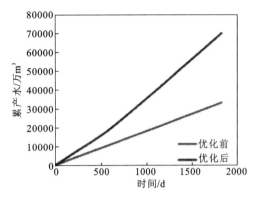

图 5-23 累产水优化结果

优化后所得的部分单井的生产调控方案如图 5-24 所示。表 5-1 为各井调控结果汇总，其中，提液的井有 S80 等 6 口，小幅提液的井有 T606 等 4 口，不提液的井有 TK630 等 4 口，注水井除 TK664、TK713 小幅减少注入量外，其余全部增注。

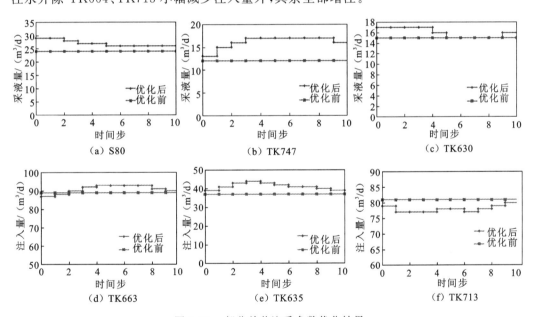

图 5-24 部分单井注采参数优化结果

表 5-1 调控方案结果汇总

注采方案	提液	小幅提液	不提液	增注	不增注
井名	S80,T801(K),TK614,TK745,TK716,TK747	T606,T7-607,TK611,TK634	TK626CX,TK630,TK729,TK772	TK636H,TK642,TK663,TK712CH	TK664,TK713

　　通过分析发现所得到的生产调控参数符合油藏实际情况。以 S80、TK630 为例,S80 井中后期生产动态如图 5-25(图版 XXII)所示,该井含水率、气油比维持在高位。经过酸化、压裂以及注气等作业措施后,该井提高了采液量,含水却没有快速升高,保持在 40% 以下,同时气油比得到有效控制,取得了较好的开发效果,说明该井应提液开发,这与得到的 S80 井优化调控结果(提液)相符。利用得到的地质模型,分析发现该井周围的地层含油饱和度较高,有较大的提液潜能,也与 S80 井优化调控结果(提液)相符。TK630 井中后期的生产动态如图 5-26(图版 XXII)所示,在后期注稀油困难,提液生产后,含水率、气油比快速上升,开发效果差,说明该井不适合提液,这与得到的 TK630 井优化调控结果相符。

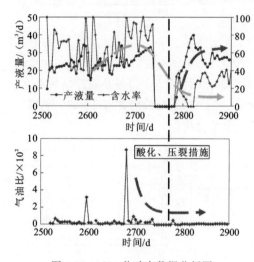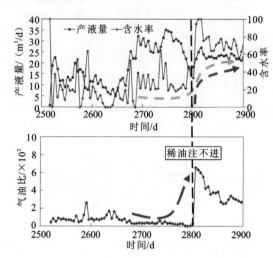

图 5-25　S80 井动态数据分析图　　　　　图 5-26　TK630 井动态数据分析图

二、江汉 Z-16 单元

(一)区域概况

　　江汉油田 Z16 单元位于潜江市周矶镇,地层属三角洲前缘亚相沉积,储层低孔低渗,该单元地质模型如图 5-27(图版 XXII)所示。油藏含油水井共计 24 口,划分网格体系为 59×65×1。采用软件对该区块进行历史拟合与注采优化,拟合的动态指标为单井和区块的累产油、累产液、累注水等,生产优化仅用优化注水、优化注采量这两类方法进行。

(二)历史拟合

　　定液量生产,时间步长为一个月,区块整体动态指标拟合结果如图 5-28 所示。
　　模拟计算的结果与实际测量的主要动态指标产油、产水比较接近,说明地层参数比较符合油藏的实际情况,模型可以模拟地层流体分布和油藏动态变化。
　　原始储量与含油饱和度如图 5-29 与图 5-30(图版 XXII)所示。

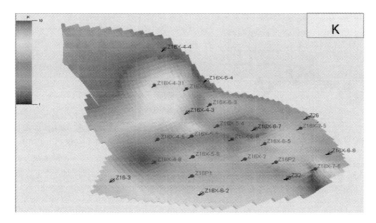

图 5-27 渗透率场分布图

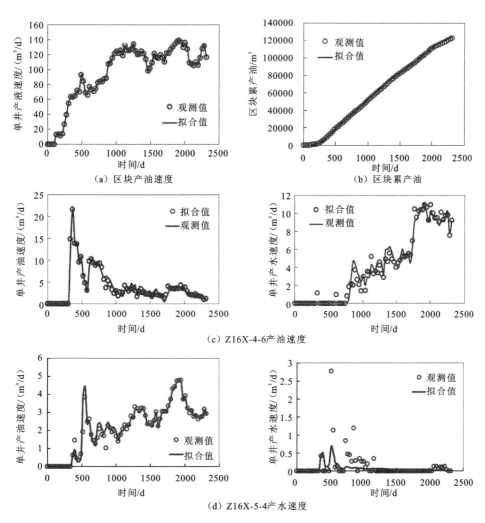

图 5-28 部分单井日产油(a,c,e)日产水(b,d,f)拟合结果

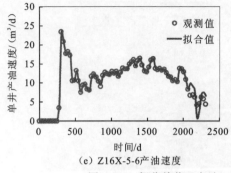
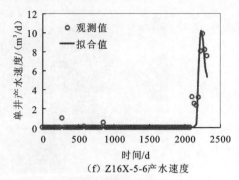

(e) Z16X-5-6产油速度　　　　　　　(f) Z16X-5-6产水速度

图 5-28　部分单井日产油(a,c,e)日产水(b,d,f)拟合结果(续)

图 5-29　含油饱和度

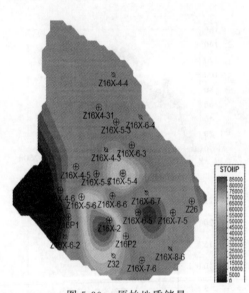

图 5-30　原始地质储量

(三)生产优化

采用两类不同方案对区块进行优化。

方案一:原有井网和油井的工作制度不变,仅优化单井注水量。

经过优化后的区块注水、产油和产液情况如图 5-31、图 5-32 和图 5-33 所示。可以看到,优化后区块日注量约为原来的 90%,总注水量减少 6.3%。优化方案比原方案的累产油增加 32 876 m³,阶段增油 19.5%。

优化前与优化后的含油饱和度如图 5-34(图版 XXV)所示。

在单井控制上,Z16-6-2 以较大的注水量注入,Z16X-6-7 以比较低的速度注入,而中南部油井周 16 斜 -2、周 16 斜 -6-5、周 16 平 2、周 16 斜 -7-6 和周 16 斜 -6-6 以比较高的产液速度生产,使注入水均匀推进,驱替剩余油。

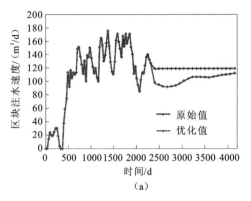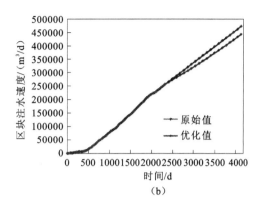

图 5-31　区块日注水（左）和区块累注水（右）优化结果

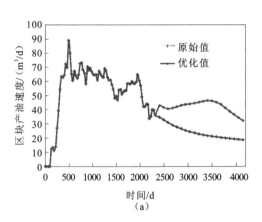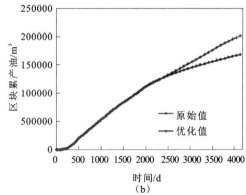

图 5-32　区块日产油（a）和区块累产油（b）优化结果

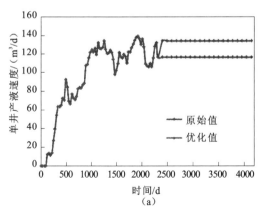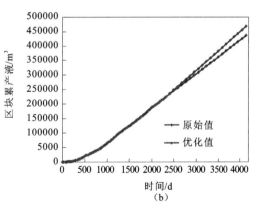

图 5-33　区块日产液（a）和区块累产液（b）优化结果

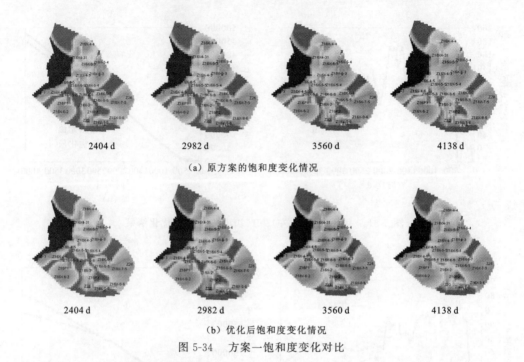

（a）原方案的饱和度变化情况

（b）优化后饱和度变化情况

图 5-34　方案一饱和度变化对比

这里列出部分井的注水优化结果（图 5-35）及区块优化结果（图 5-36 ～ 图 5-39）。

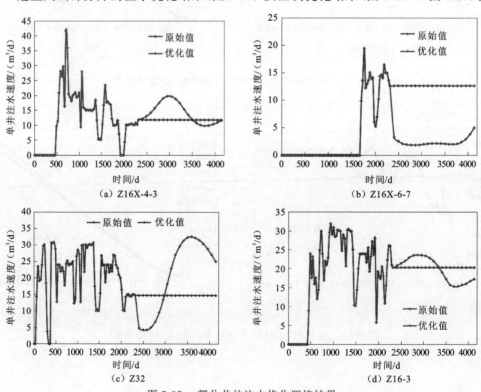

（a）Z16X-4-3

（b）Z16X-6-7

（c）Z32

（d）Z16-3

图 5-35　部分井的注水优化调控结果

方案二:原有井网不变,优化单井的注水量和产液量,注采比约束。

为了保持油藏压力,优化时以历史最后时刻的注采比为基准,保证预测阶段注采比在1.05左右。

经过优化后的区块情况如下。

可以看到,优化方案采液量和原方案相同,总注水量也相同,模拟计算10年油藏最低压力为24 MPa。

油水井同时优化后全区5年增油量为20528 m³,阶段增油11.7%。从含水曲线可以看出,全区含水率由80.2%下降到78.3%。从采出程度与含水关系图上(图5-39)也可以看出,优化后开发效果明显变好。

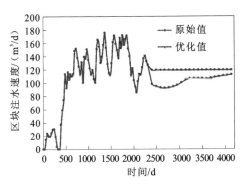

图 5-36　区块日注水量对比

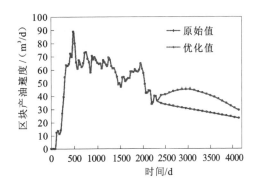

图 5-37　区块日产油量对比

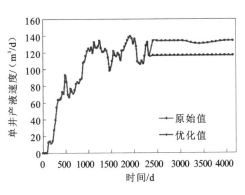

图 5-38　区块日产液量对比

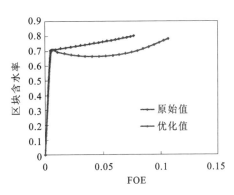

图 5-39　含水率和采出程度关系

优化前与优化后的含油饱和度如图5-40(图版XXV)所示,经优化后的区块含油饱和度明显下降,开发效果变好。

单井注采优化方面,注采总体变化情况见表5-2,并在此列出了部分井的注采调控优化结果(图5-41 ～ 图5-43)。

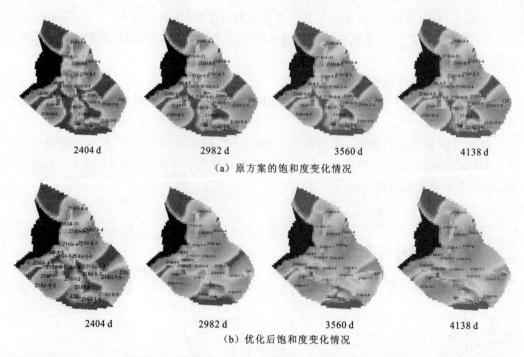

（a）原方案的饱和度变化情况

（b）优化后饱和度变化情况

图 5-40　　方案二饱和度变化对比

图 5-2　　注采变化情况

	井数	井名
注水总量增加	3	Z16X-4-3,Z16X-6-2,Z32
注水总量减少	5	Z16-3,Z16X-6-4,Z16X-6-7,Z16X-8-6,Z26
采液总量增加	8	Z16P2,Z16X-4-5,Z16X-5-3,Z16X-5-5,Z16X-5-6,Z16X-2,Z16X-6-6,Z16X-5-4
采液总量减少	5	Z16P1,Z16X-4-6,Z16X-6-3,Z16X-7-5,Z16X-4-31
采液总量不变	2	Z16X-6-5,Z16X-7-6

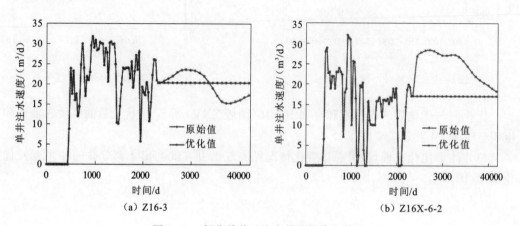

（a）Z16-3　　　　　　　　　　（b）Z16X-6-2

图 5-41　　部分单井日注水量调控优化结果

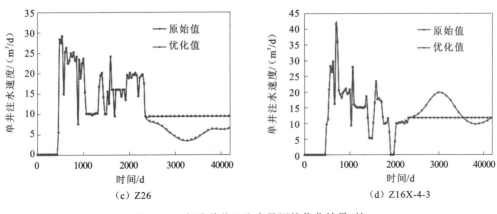

图 5-41　部分单井日注水量调控优化结果(续)

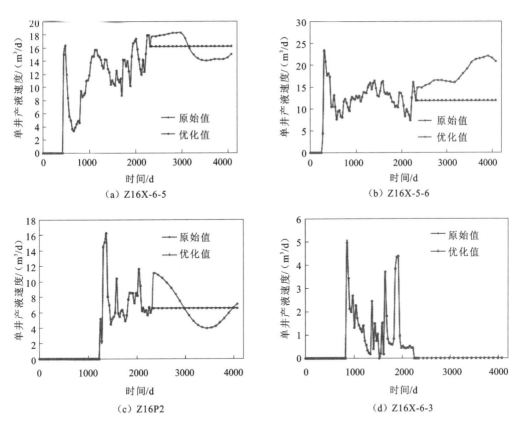

图 5-42　部分单井日产液量调控优化结果

单井优化的最终结果见表 5-3。

表 5-2　　单井增油情况变化情况

井名	阶段增油量 /m³
Z16P1	−7.6
Z16P2	−98
Z16X-2	5703
Z16X4-31	0
Z16X4-5	−101
Z16X4-6	−1487
Z16X5-3	1929
Z16X5-4	177
Z16X5-5	35
Z16X5-6	2927
Z16X6-3	0
Z16X-6-5	5377
Z16X6-6	1985
Z16X7-5	−158
Z16X7-6	4282

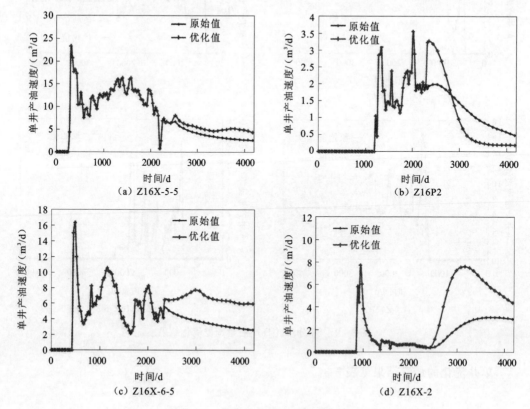

图 5-43　部分单井日产油量优化结果

第三节　本 章 小 结

　　本章介绍了依据油藏闭环管理理论及软件工程要求编制的油藏开发闭环生产优化控制理论与方法的结构、功能及应用情况。该软件使用简便,是开发政策制定的有力工具,其在部分油田中进行了推广应用,尤其是在自动历史拟合和生产实时优化方面填补了国内空白,取得了较好的经济效益和社会效益。

参 考 文 献

陈兆芳,张建荣,陈月明,等.2003.油藏数值模拟自动历史拟合方法研究及应用.石油勘探与开发,
　　30(4):82-84.

邓宝荣,袁士义,李建芳,等.2003.计算机辅助自动历史拟合在油藏数值模拟中的应用.石油勘探与开
　　发,30(1):71-74.

杜志敏,谢丹,任宝生.2002.现代油藏经营管理.西南石油学院学报,24(1):1-7.

高惠民,郎兆新,张丽华.1993.单井三维三相黑油模型的建立及自动历史拟合的实现.石油大学学报:自
　　然科学版,17(5):47-54.

林行,高山红,黄容.2004.大气数据同化方法的研究与应用进展.山东气象,24(4):16-18.

刘昌贵.2002.注气提高石油采收率最优控制的理论、方法和实现.成都:西南石油大学.

刘志斌.1993.油田开采系统动态模型及最优化方法.成都:电子科技大学出版社.

刘志斌,刘康生.1993.注水开发油田的最优控制模型及求解.西南石油学院学报,15(2):66-70.

路勇.2001.油藏模拟计算机辅助历史拟合技术.北京:中国石油勘探开发科学研究院.

孟雅杰.1995.一种实用的自动历史拟合方法.大庆石油学院学报,19(1):16-19.

时贞军,孙国.2006.无约束优化问题的对角稀疏拟牛顿优化方法.系统科学与数学,26(1):101-112.

孙清莹,段立宁,崔彬,等.2009.基于简单二次函数模型的非单调信赖域算法.系统科学与数学,
　　29(4):470-483.

唐焕文,秦学志.2004.实用最优化方法.大连:大连理工大学出版社.

王金旗,孟金焕.2004.智能井系统:发展现状与趋势.国外油田工程,20(2):23-25.

王曙光,郭德志.1998.Nelder-Mead 单纯形法的推广及其在自动历史拟合中的应用.大庆石油地质与开
　　发,17(4):22-24.

王玉斗,李茂辉.2011.基于 EnKF 的油藏自动历史拟合方法对三相相对渗透率的反演.西安石油大学学
　　报:自然科学版,26(4):33-37.

邢继祥,张春蕊,徐洪泽.2003.最优控制应用基础.北京:科学出版社.

胥泽银,郭科,龚灏.1999.最优化方法在油田控水稳油中的应用.四川联合大学学报:工程科学版,
　　3(5):7-11.

闫霞.2013.基于梯度逼真算法的油藏生产优化理论研究.青岛:中国石油大学(华东).

闫霞,李阳,姚军,等.2011.基于流线 EnKF 油藏自动历史拟合研究.石油学报,32(3):115-120.

姚恩瑜,何勇,陈仕平.2001.数学规划与组合优.杭州:浙江大学出版社.

袁亚湘,孙文瑜.1999.最优化理论与方法.北京:科学出版社.

张凯,姚军,徐晖,等.2009.油田智能生产管理技术.油气田地面工程,28(12):62-63.

张凯,李阳,姚军,等.2010.油藏生产优化理论研究.石油学报,31(1):78-83.

张巍,郏元,Wu Y S.2009.基于集合卡尔曼滤波的油藏辅助历史拟合.大庆石油学院学报,33(5):74-78.

张晓东.2008.聚合物驱提高原油采收率的最优控制方法研究.青岛:中国石油大学(华东).

张在旭.1998a.油田开发系统规划的策略.系统工程理论与实践,22(2):75-80.

张在旭.1998b.油田开发最优规划模型的求解.石油大学学报,22(4):109-110.

张朝琛,刘艳杰.1999.油藏经营管理与自动化.石油规划设计,10(5):12-15.

张光澄,王文娟,韩会磊.2005.非线性最优化计算方法.北京:高等教育出版社.

赵辉.2011.油藏开发闭环生产优化理论研究.青岛:中国石油大学(华东).

赵辉,曹琳,李阳,等.2011.基于改进随机扰动近似算法的油藏生产优化.石油学报,3206:1031-1036.

赵辉,康志江,张允,等.2014.表征井间地层参数及油水动态的连通性计算方法.石油学报,05:922-927.

郑军卫,张志强.2007.提高原油采收率:从源头节约石油资源的有效途行.科学新闻,2:34-36.

Lang Z X,Horne R N. 1983.应用油藏数值模型确定最优工作制度—动态规划与线性规划之比较.郎兆新译.美国石油工程师学会 1983 年年会论文选译(上册).北京:石油工业部科学技术情报研究所.

Pieter K A,Kapteijn. 2003.智能化油田.世界石油工业,1(5):12-16.

Aanonsen S I,Naevdal G,Oliver D S,et al. 2009. Review of Ensemble Kalman Filter in Petroleum engineering. SPE Journal,14(3):393-412.

Abdassah D,Mucharam L,Soengkowo I,et al. 1996. Coupling seismic data with simulated annealing method improves reservoir characterization. SPE,36968.

Albert T. 1987. Inverse problem theory:methods for data fitting and model parameter estimation. New York:Elsevier.

Asheim H. 1986. Optimal control of water drive. SPE,15978.

Asheim H. 1988. Maximization of water sweep efficiency by controlling production and injection rates. SPE,18365.

Audet C,Dennis J. 2003. Analysis of generalized pattern searches. SIAM J. Optimization,13:889-903.

Bangerth W,Klie H,Wheeler M,et al. 2006. On optimization algorithm for the reservoir oil well placement problem. Computational Geosciences,10(3):303-319.

Bortz D,Kelley C. 1998. The simplex gradient and noisy optimization problems in computational methods in optimal design and control . Progress in systems and control theory,24:77-90.

Brouwer D R,Jansen J. 2002. Dynamic optimization of water flooding with smart wells using optimial control theory. European Peteroleum Conference. Society of Petroleum Engineers.

Chen C,Wang Y,Li G et al. 2010. Closed-loop reservoir management on the Brugge test case. Computational Geosciences,14:691-703.

Chen C,Li G,Reynolds A C. 2011. Robust constrained optimization of short and long-term NPV for closed-loop reservoir management. SPE,141314.

Chen Y,Oliver D S,Zhang D. 2009a. Efficient ensemble-based closed-loop production optimization. SPE Journal,14(4):634-645.

Chen Y,Oliver D S. 2009b. Ensemble-based closed-loop optimization applied to Brugge field,SPE,118926.

Chen Y,Oliver D S. 2012. Ensemble randomized maximum likelihood method as an iterative ensemble smoother. Mathematical Geosciences,44(1):1-26.

Christalkos G. 1992. Random field models in earth sciences. San Diego,CA:Academic Press.

Clerc M,Kennedy J. 2002. The particle swarm-explosion,stability,and convergence in a multidimensional complex space. IEEE Transactions on Evolutionary Computation,6(1):58-73.

Conn A R,Toint P L. 1996. An algorithm using quadratic interpolation for unconstrained derivative free optimization. In:Di Pillo G,Gianessi F. Nonlinear optimization and applications. New York: Plenum Publishing.

Conn A R,Scheinberg K,Toint P L. 1997. Recent progress in unconstrained nonlinear optimization without derivatives. Mathematical Programming,79:397-414.

Conn A R,Scheinberg K,Vicente L. 2009. Introduction to derivative-free optimization. MPS-SIAM Series on Optimization,SIAM,Philadelphia.

Custódio A L,Vicente L N. 2007. Using sampling and simplex derivatives in pattern search methods. SIAM Journal on Optimization,18(2):537-555.

Custsódio A L,Rocha H,Vicente L N. 2008. Incorporating minimum frobenius norm models in direct search. Tech. Report 08-51,Department of Mathematics,University of Coimbra.

Custódio A L,Rocha H,Vicente L N. 2010. Incorporating minimum frobenius norm models in direct search. Computational Optimization and Applications,46(2):265-278.

de Montleau P,Cominelli A,Neylon D R K,et al. 2006. Production optimization under constraints using adjoint gradients,SPE,109805.

Deutsch C V,Journel A G. 1994. The application of simulated annealing to stochastic reservoir modeling. SPE Advanced Technology Series,2(2):222-227.

Eberhart R,Kennedy J. 1995. A new optimizer using particle swarm theory. Sixth Symposium on Micro Machine and Human Science IEEE Service Ceneter.

Emerick A A,Reynolds A C. 2011. History matching a field case using the Ensemble Kalman Filter with covariance localization. SPE Reservoir Evaluation and Engineering,14(4):423-432.

Emerick A A,Reynolds A C. 2012. Ensenble smoother with multiple data assimilation,Computers & Geosciences,in press.

Evensen G,Hove J,Meisingset H C,et al. 2007. Using the EnKF for assisted history matching of a North Sea Reservoir. SPE,106184.

ExxonMobil Corporation. 2004. Energy Outlook to 2030. Technical Report,10:24-26.

Gao G,Zafari M,Reynolds A C. 2005. Quantifying uncertainty for the PUNQ-S3 problem in a Bayesian setting with RML and EnKF. SPE,93324.

Gao G,Reynolds A C. 2006. An improved implementation of the LBFGS algorithm for automatic history matching. SPE Journal,11(1):5-17.

Gao G,Li G,Reynolds A C. 2007. A stochastic optimization algorithm for automatic history matching. SPE Journal,12(2):196-208.

Gringarten A C. 1998. Evolution of reservoir management techniques:from independent methods to an integrated methodology. Impact on petroleum engineering curriculum,graduate teaching and competitive advantage of oil companies. SPE Asia Pacific Conference on Integrated Modelling for Asset Management. Malaysia:Society of Petroleum Engineers.

Gu Y,Oliver D S. 2004. History matching of the punq-s3 reservoir model using the ensemble Kalman filters. SPE,89942.

Haugen V,Natvik L J,Evensen G,et al. 2006. History matching using the ensemble Kalman filter on a North Sea Field Case. SPE,102430.

Jafarpour B,McLaughlin D B. 2008. History matching with an ensemble Kalman filter and discrete cosine parameterization. Computational Geosciences,12(2):227-244.

Jalali Y,Bussear T,Sharma S. 1998. Intelligent completion systems. The Reservoir Rationale. SPE,50587.

Kalogerakis N,Tomas C. 1995. Reliability of horizontal well performance on a field scale through automatic history matching. Journal of Canadian Petroleum Technology,33(2):100-105.

Kelley C. 1999. Detection and remediation of stagnation in nelder-mead algorithm using a sufficient decrease condition. SIAM Journal on Optimization, 10:43-55.

Kennedy J, Eberhart R. 1995. Particle swarm optimization. IEEE international conference on neural networks, IV. IEEE Service Ceneter.

Kolda T, Lewis R, Torczon V. 2003. Optimization by direct search: new perspectives on some classical and modern methods. SIAM Rev., 45:385-482.

Lang Z X, Horne R N. 1983. Optimum production scheduling using reservoir simulation: a comparison of linear programming and dynamic programming techniques. SPE Annual Technical Conference and Exhibition. Society of Petroleum Engineers.

Lee A S, Aronofsky J S. 1958. A linear programming model for scheduling crude oil production. Journal of Petroleum Technology, 10(7):51-54.

Li G, Reynolds A C. 2009. Iterative ensemble Kalman filters for data assimilation. SPE Journal, 14(3):496-505.

Li G, Reynolds A C. 2011. Uncertainty quantification of reservoir performance predictions using a stochastic optimization Algorithm. Computational Geosciences, 15(3):451-462.

Li R, Reynolds A C, Oliver D S. 2003. History matching of three-phase flow production data. SPE Journal, 8(4):328-340.

Lions J L. 1971. Optimal control of systems governed by partial differential equations. New York: Springer.

Lorentzen R J, Berg A M, Naevdal G, et al. 2006. A new approach for dynamic optimization of water flooding problems. SPE, 99690.

Marazzi M, Noncedal J. 2002. Wedge trust region methods for derivative free optimization. Mathematical Programming Ser. A, 91:289-305.

Morè J J, Sorensen D. 1983. Computing a trust region step. SIAM J. Sci., 4:553-572.

Naevdal G, Mannseth T, Vefring E H. 2002. Near-well reservoir monitoring through ensemble Kalman filter. SPE, 75235.

Naevdal G, Johnsen L M, Aanonsen S I, et al. 2003. Resorvoir monitoring and continous odel updating using ensemble kalman filter. SPE, 84372.

Naevdal G, Brouwer D R, Jansen J D. 2006. Water-flooding using closed-loop control. Computational Geosciences, 10(1):37-60.

Nocedal J, Wright S J. 1999. Numerical optimization. New York: Springer.

Nwaozo J. 2006. Dynamic optimization of a water flood reservoir. Oklahoma: University of Oklahoma.

Ouenes A, Bhagavan S, Bunge P H, et al. 1994. Application of simulated annealing and other global optimization methods to reservoir description: myths and realities. SPE, 28415.

Oliver D S. 1996. On conditional simulation to inaccurate data. Math. Geology, 28(6):811-817.

Oliver D S, Reynolds A C, Liu N. 2008. Inverse theory for petroleum reservoir characterization and history matching. New York: Cambridge University press.

Parsopoulos K, Vrahatis M. 2002. Recent approaches to global optimization problems through particle swarm optimization. Neural Computing, 1:235-306.

Peter K K. 1995. Quasi-linear geostatistical theory for inversing. Water Resour. Res., 31(10):2411 – 2419.

Peters E, Arts R, Brouwer G, et al. 2009. Results of the Brugge benchmark study for water flooding optimization and history matching. SPE,119094.

Powell M J. 2002. UONYQA:unconstrained optimization by quadratic approximation. Math Programming,
92:555-582.

Powell M J. 2004. Least frobenius norm updating of quadratic models that satisfy interpolation
conditions. Math Programming,100:183-215.

Powell M J. 2006. The NEWUOA software for unconstrained optimization without derivatives in
large-scale nonlinear optimization,eds G. Di Phillo and M. Roma,Springer.

Reynolds A C,He N,Chu L,et al. 1996. Reparameterization techniques for generating reservoir descriptions
conditioned to variograms and well-test pressure data. SPE Journal,1(4):413-426.

Reynolds A C,Zafari M,Li G. 2006. Iterative forms of the ensemble Kalman filter. The 10th European
Conference on the Mathematics of Oil Recovery,Amsterdam,4-7 September.

Rodrigues J. 2006. Calculating derivatives for automatic history matching. Computational Geosciences,10:
119-136.

Romero C E,Carter J N,Gringarten A C. 2000. A modified genetic algorithm for reservoir characterisation. SPE,
64765.

Sarma P,Durlofsky L,Aziz K. 2005. Implementation of adjoint solution for optimal control of smart
wells. SPE,92864.

Sarma P,Chen W,Durlofsky L,et al. 2006. Production optimization with adjoint models under nonlinear
control-state path inequality constraints. SPE,99959.

Sarma P,Durlofsky L,Aziz K. 2012. A ncw approach to automatic history matching using kernel PCA.
SPE,106176.

Satter A,Thakur G C. 1994. Integrated petroleum reservoir management. Tulsa,Oklahoma:Penn
well Books.

Sen M K,Gupta A D,Stoffa P L,et al. 1995. Stochastic reservoir modeling using simulated annealing and
genetic algorithm. SPE,24754.

Spall J C. 1992. Multivariate stochastic approximation using a simulataneous perturbation gradient
approximation. IEEE Transactions Automat. Control. ,37(3):332-341.

Spall J C. 1998. Implementation of the simultaneous perturbation algorithm for stochastic optimization.
IEEE Transactions on Aerospace and Electronic Systems,34(3):817-823.

Spall J C. 2000. Adaptive stochastic approximation by the simultaneous perturbation method. IEEE
Transactions on Automatic Control,45(10):1839-1853.

Srinivasan B,Bonvin D,Visser E,et al. 2003. Dynamic optimization of batch processers:II. Role of
measurements in handling uncertainty. Computer & Chemical Engineering,27(1):27-44.

Tan T B,Kalogerakis N. 1991. A fully implicit three-dimensional three-phase simulator with automatic
history-matching capability. SPE,21205.

Terwiesch P,Ravemar D,Schenker B,et al. 1998. Semibatch process optimization under uncertainty:
theory and experiments. Computer & Chemical Engineering,22(2):201-213.

Thulin K,Li G,Aanonsen S I,et al. 2007. Estimation of initial fluid contacts by assimilation of production
data with EnKF. Proceedings of the SPE Annual Technical Conference and Exhibition,Anaheim,
California,11-14 November,SPE,109975.

van den Bergh F. 2001. An analysis of particle swarm optimizers. Pretoria:University of Pretoria.

van Essen G M,Zandvliet M J,van den Hof P M J,et al. 2009. Robust water flooding optimization of multiple geological scenarios. SPE J,14(1):202-210.

van Leeuwen P J,Evensen G. 1996. Data assimilation and inverse methods in terms of a probabilistic formulation. Monthly Weather Review,124:2898-2913.

Vasco D W,Berkeley N. 1997. Integrating field production history in stochastic reservoir characterization. SPE,36567.

Wang C,Li G,Reynolds A C. 2007. Optimal well placement for production optimization. SPE,111154.

Wang C,Li G,Reynolds A C. 2009. Production optimization in closed-loop reservoir management. SPE Journal,14(3):506-523.

Wang Y,Li G,Reynolds A C. 2010. Estimation of depths of fluid contacts by history matching using iterative ensemble-Kalman smoothers. SPE Journal,15(2):509-525.

Woods E G,Osmar A. 1992. Integrated reservoir management concepts. Reservoir Management Practices Seminar,SPE Gulf Coast Section,Houston,May 29.

Yan X,Zhang K,Nawaz M,et al. 2012. Reservoir history matching using a stochastic method. World Journal of Engineering,9(5):437-444.

Yang P,Armasu R V,Wilson A T. 1987. Automatic history matching with variable-metic methods. SPE,16977.

Yeten B,Durlofsky L J,Aziz K. 2002. Optimization of Smart Well Contol. SPE,79031.

Zafari M,Reynolds A C. 2005. Assessing the uncertainty in reservoir description and performance predictions with the ensemble Kalman filter. SPE,95750.

Zhang F,Reynolds A C. 2002. Optimization algorithms for automatic history matching of production data. The 8th European Conference on the Mathematics of Oil Recovery. Freiberg,Germany,3-6 September.

Zhang Y,Oliver D S. 2009. History matching using a hierarchical stochastic model with the ensemble Kalman filter:a field case study,february. SPE,118879.

Zhao H,Li Y,Chen C H,et al. 2011. Theoretical research on reservoir closed-loop production management. Science ChinaTechnological Sciences,54(10):2815-2824.

Zhao Y,Reynolds A C,Li G. 2008. Generating facies maps by assimilating production data and seismic data with the ensemble Kalman filter. SPE,113990.

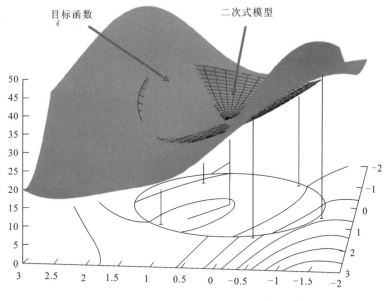

图 2-11　插值二次模型与原目标函数示意图

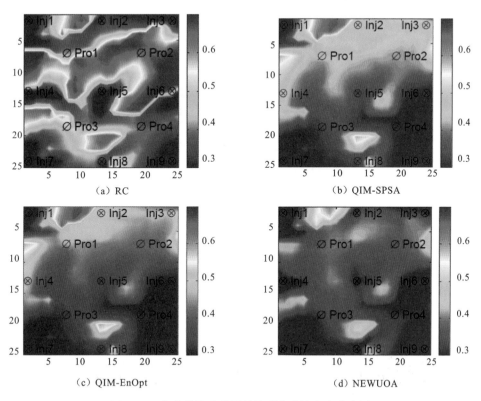

图 2-14　各优化算法所得最终剩余油饱合度分布图

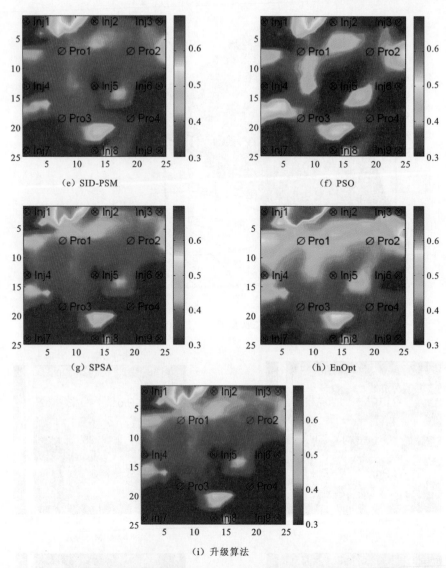

图 2-14　各优化算法所得最终剩余油饱合度分布图（续）

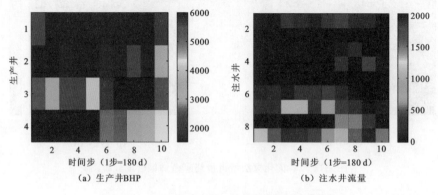

图 2-15　QIM-SPSA 算法优化所得生产调控图

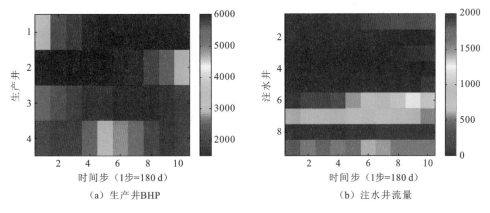

（a）生产井BHP　　　　　　　　（b）注水井流量

图 2-16　QIM-EnOpt 算法优化所得生产调控图

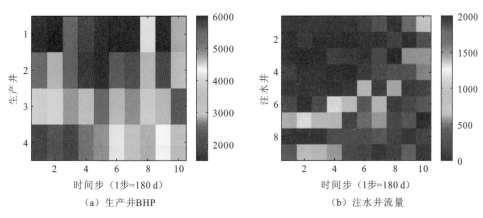

（a）生产井BHP　　　　　　　　（b）注水井流量

图 2-17　NEWUOA 算法优化所得生产调控图

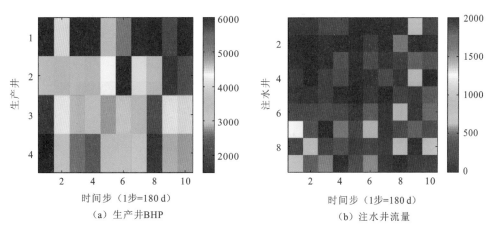

（a）生产井BHP　　　　　　　　（b）注水井流量

图 2-18　SID-PSM 算法优化所得生产调控图

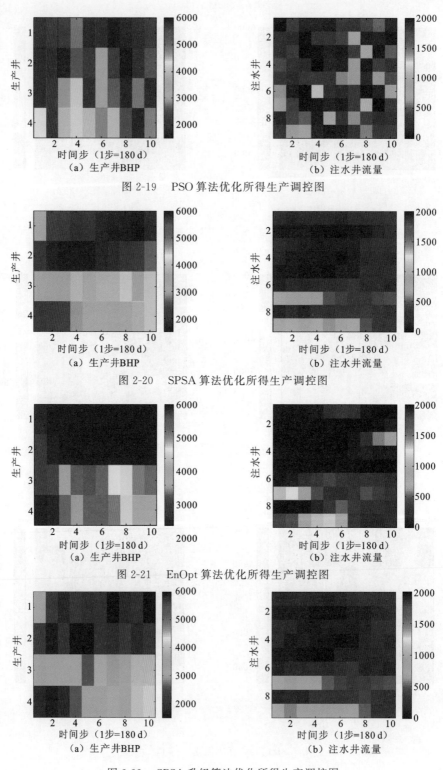

图版 IV

图 2-19　PSO 算法优化所得生产调控图

图 2-20　SPSA 算法优化所得生产调控图

图 2-21　EnOpt 算法优化所得生产调控图

图 2-22　SPSA 升级算法优化所得生产调控图

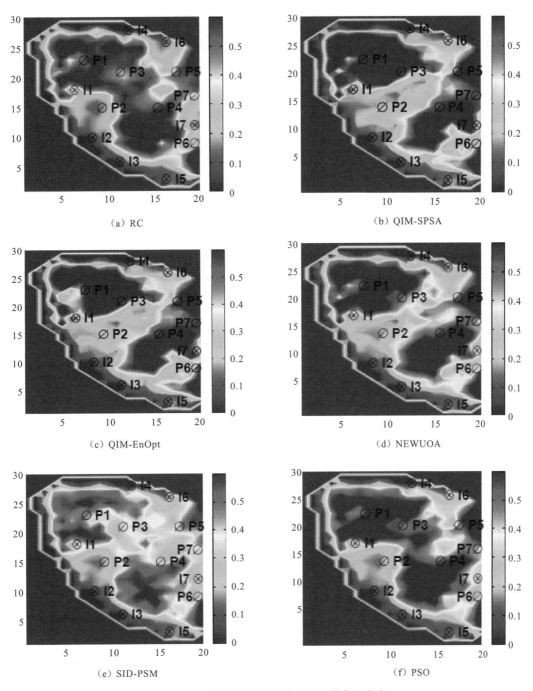

（a）RC

（b）QIM-SPSA

（c）QIM-EnOpt

（d）NEWUOA

（e）SID-PSM

（f）PSO

图 2-25　各优化算法所得第 2 小层剩余油分布

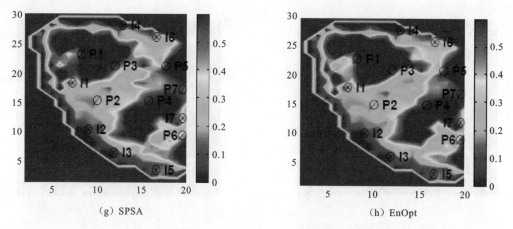

（g）SPSA　　　　　　　　　　　　　（h）EnOpt

图 2-25　各优化算法所得第 2 小层剩余油分布(续)

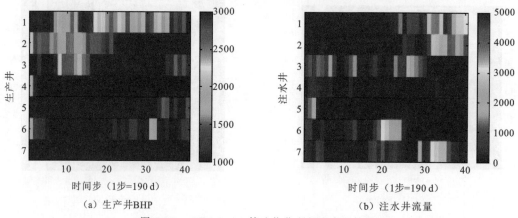

（a）生产井BHP　　　　　　　　　　（b）注水井流量

图 2-27　QIM-SPSA 算法优化所得生产调控图

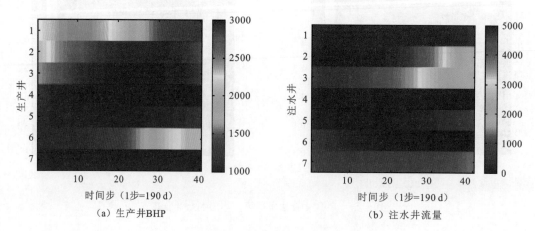

（a）生产井BHP　　　　　　　　　　（b）注水井流量

图 2-28　QIM-EnOpt 算法优化所得生产调控图

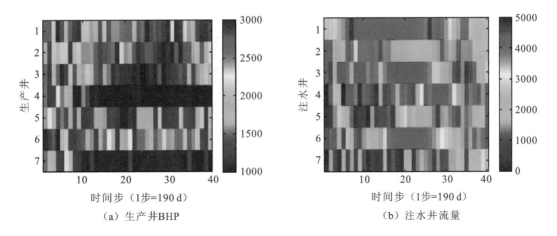

（a）生产井BHP　　　　　　（b）注水井流量

图 2-29　NEWUOA 算法优化所得生产调控图

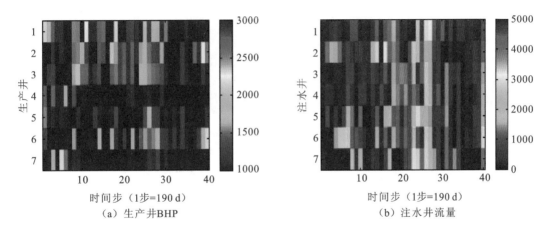

（a）生产井BHP　　　　　　（b）注水井流量

图 2-30　SID-PSM 算法优化所得生产调控图

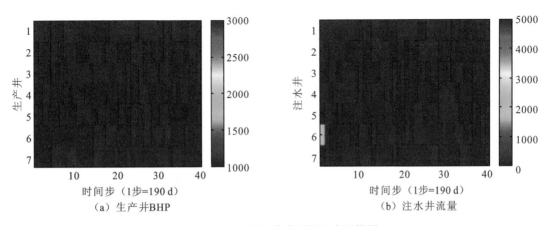

（a）生产井BHP　　　　　　（b）注水井流量

图 2-31　PSO 算法优化所得生产调控图

图版 VIII

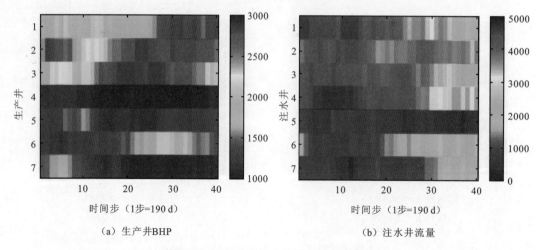

（a）生产井BHP　　　　　　　　　（b）注水井流量

图 2-32　SPSA 算法优化所得生产调控图

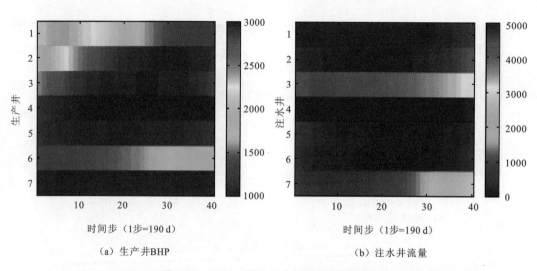

（a）生产井BHP　　　　　　　　　（b）注水井流量

图 2-33　EnOpt 算法优化所得生产调控图

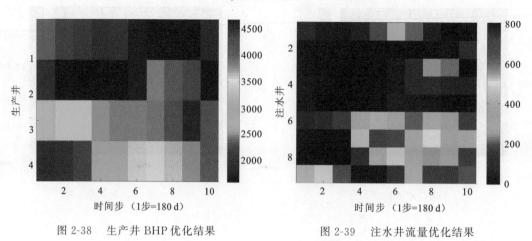

图 2-38　生产井 BHP 优化结果　　　　　　图 2-39　注水井流量优化结果

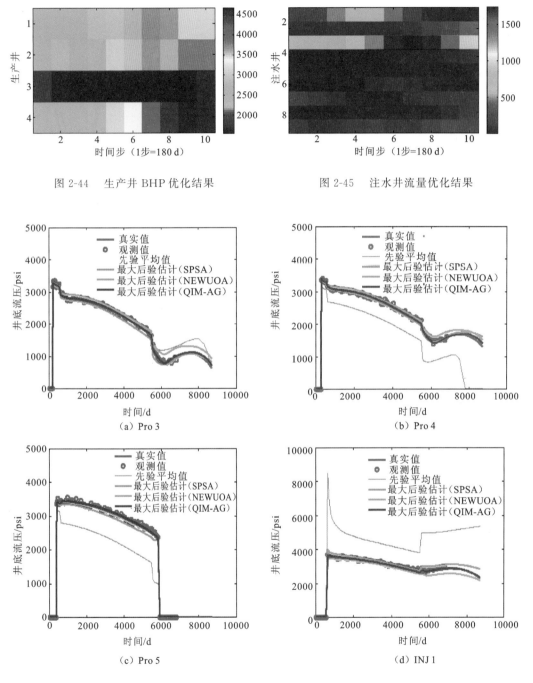

图 2-44　生产井 BHP 优化结果　　　　图 2-45　注水井流量优化结果

（a）Pro 3　　　　　　　　　　　　　（b）Pro 4

（c）Pro 5　　　　　　　　　　　　　（d）INJ 1

图 3-3　井底流压拟合结果

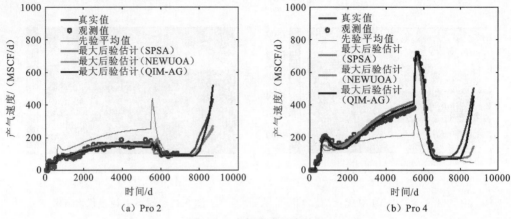

（a）Pro 2　　　　　　　　　　（b）Pro 4

图 3-4　产气速度拟合结果

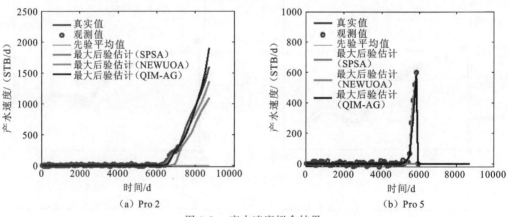

（a）Pro 2　　　　　　　　　　（b）Pro 5

图 3-5　产水速度拟合结果

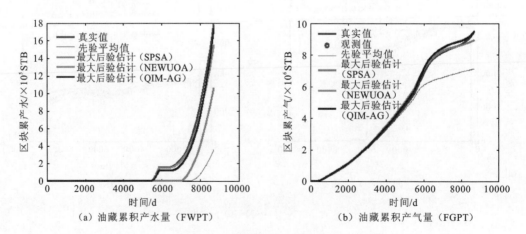

（a）油藏累积产水量（FWPT）　　　　（b）油藏累积产气量（FGPT）

图 3-6　油藏累积指标拟合结果

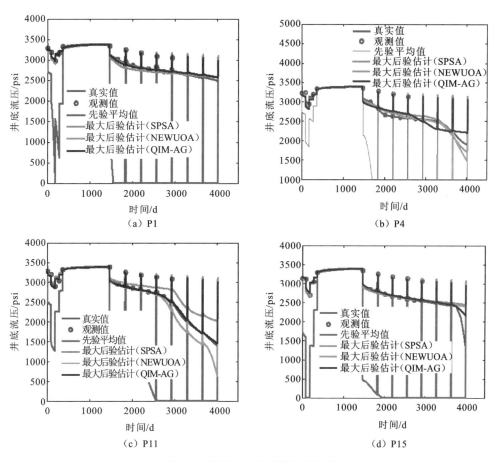

图 3-9　各算法目标函数优化结果

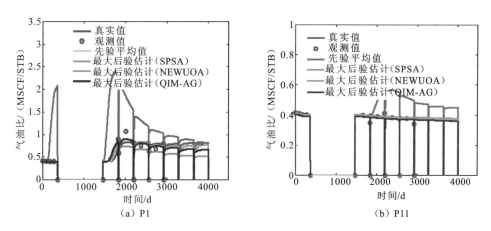

图 3-10　油井生产气油比拟合结果

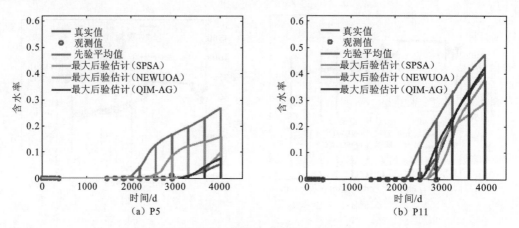

（a）P5 （b）P11

图 3-11 油井含水率拟合结果

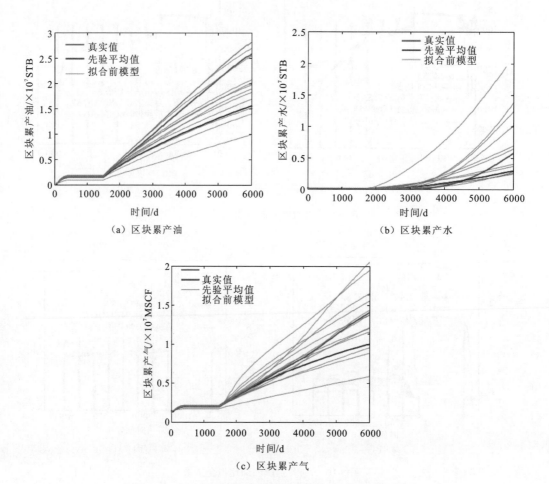

（a）区块累产油 （b）区块累产水

（c）区块累产气

图 3-20 10个初始模型实现的累产油、累产水和累产气

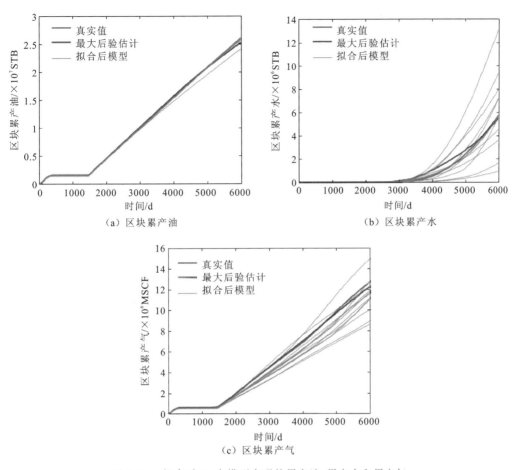

图 3-21　拟合后 10 个模型实现的累产油、累产水和累产气

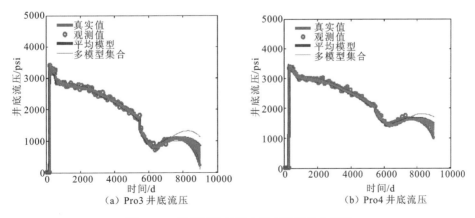

图 3-25　数据同化过程中动态数据拟合结果

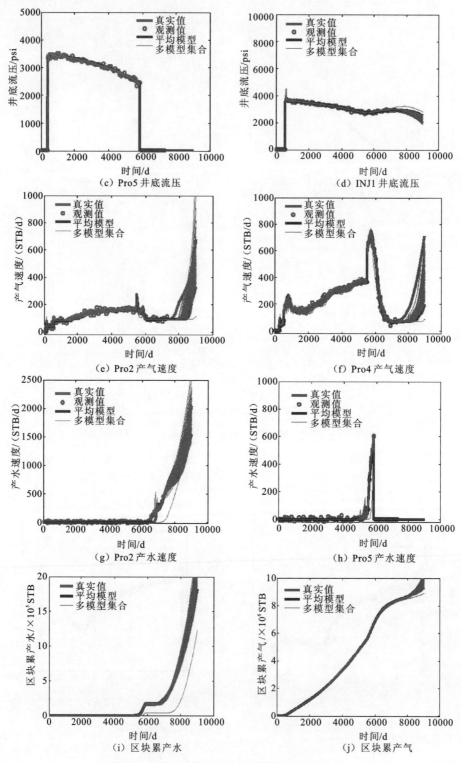

图 3-25　数据同化过程中动态数据拟合结果(续)

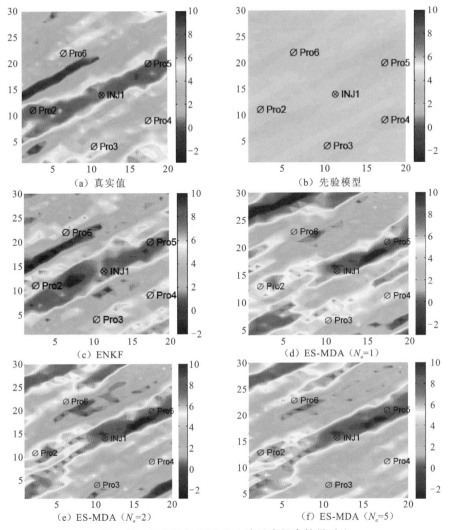

（a）真实值　　　　　　　　　（b）先验模型

（c）ENKF　　　　　　　　　（d）ES-MDA（N_a=1）

（e）ES-MDA（N_a=2）　　　　　（f）ES-MDA（N_a=5）

图 3-27　EnKF 与 ES-MDA 渗透率拟合结果对比

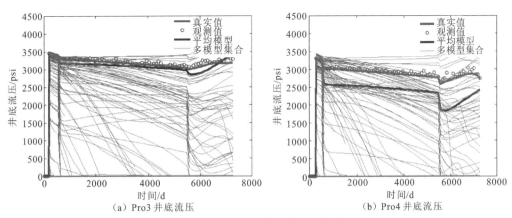

（a）Pro3 井底流压　　　　　　（b）Pro4 井底流压

图 3-28　N_a＝1 时 ES-MDA 动态数据拟合结果

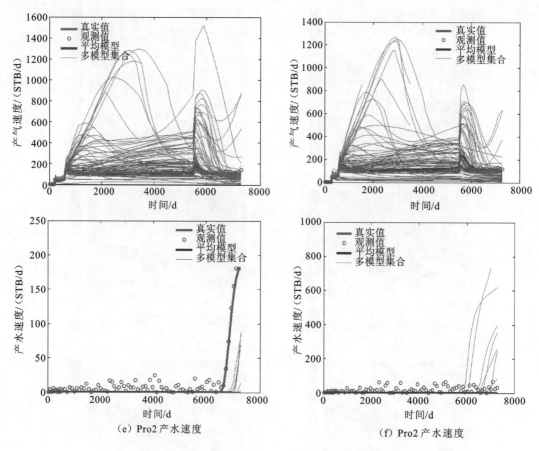

（e）Pro2 产水速度

（f）Pro2 产水速度

图 3-28 　 $N_a = 1$ 时 ES-MDA 动态数据拟合结果（续）

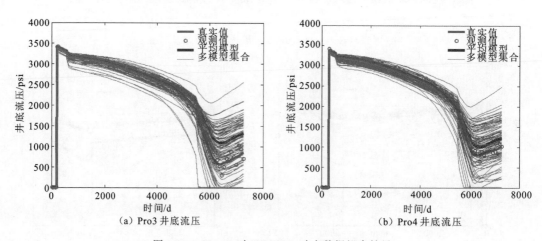

（a）Pro3 井底流压

（b）Pro4 井底流压

图 3-29 　 $N_a = 2$ 时 ES-MDA 动态数据拟合结果

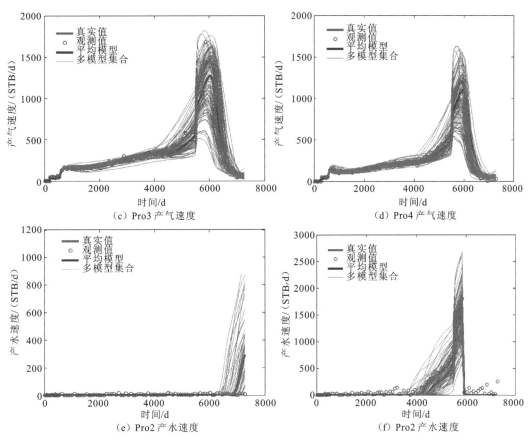

（c）Pro3 产气速度

（d）Pro4 产气速度

（e）Pro2 产水速度

（f）Pro2 产水速度

图 3-29　$N_a = 2$ 时 ES-MDA 动态数据拟合结果（续）

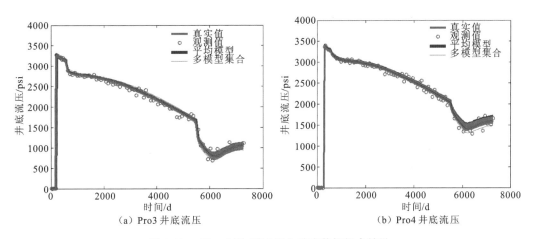

（a）Pro3 井底流压

（b）Pro4 井底流压

图 3-30　$N_a = 5$ 时 ES-MDA 动态数据拟合结果

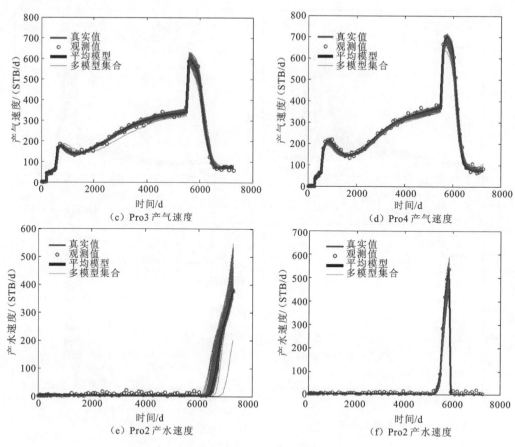

（c）Pro3 产气速度　　　　　　　　　（d）Pro4 产气速度

（e）Pro2 产水速度　　　　　　　　　（f）Pro2 产水速度

图 3-30　　N_a＝5 时 ES-MDA 动态数据拟合结果（续）

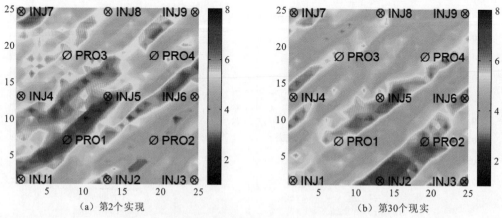

（a）第2个实现　　　　　　　　　（b）第30个现实

图 4-2　　部分模型实现平面渗透率分布（对数刻度）

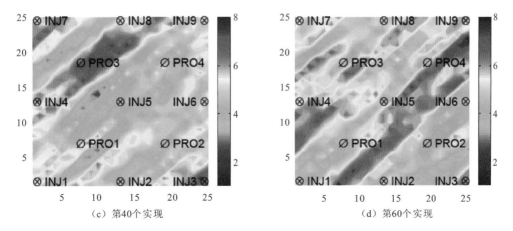

（c）第40个实现 （d）第60个实现

图 4-2 部分模型实现平面渗透率分布（对数刻度）（续）

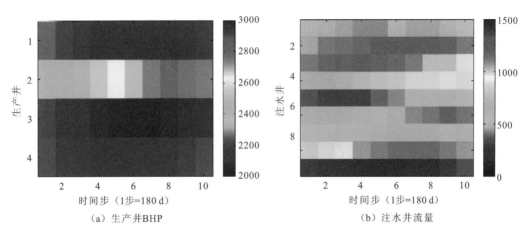

（a）生产井BHP （b）注水井流量

图 4-7 闭环优化所得生产调控图（Parameterization＋NO）

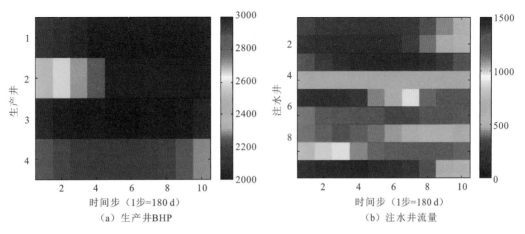

（a）生产井BHP （b）注水井流量

图 4-8 闭环优化所得生产调控图（EnKF＋RO）

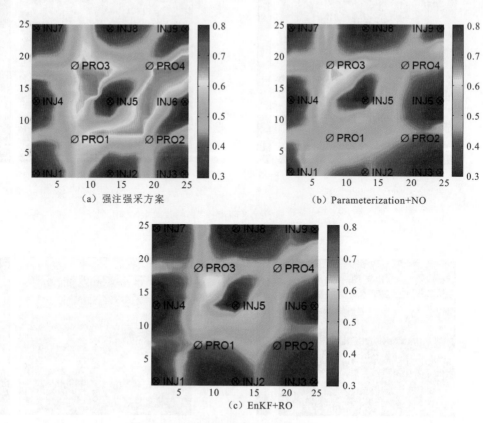

（a）强注强采方案　　　　　　　　　（b）Parameterization+NO

（c）EnKF+RO

图 4-10　区块最终剩余油饱和度对比

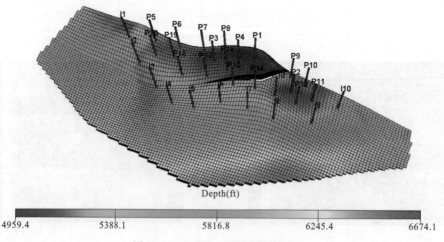

图 4-11　Brugge 油藏顶面构造图

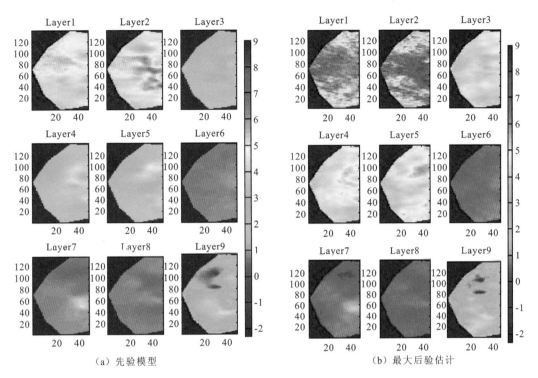

（a）先验模型　　　　　　　　　　　（b）最大后验估计

图 4-12　平面渗透率分布（对数刻度）

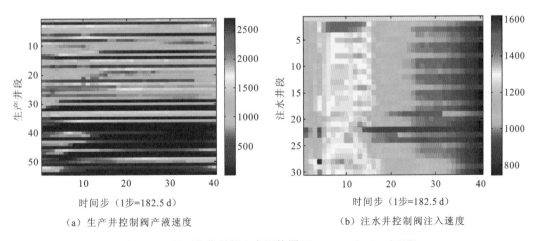

（a）生产井控制阀产液速度　　　　　　　（b）注水井控制阀注入速度

图 4-17　闭环优化所得生产调控图（Parameterization＋NO）

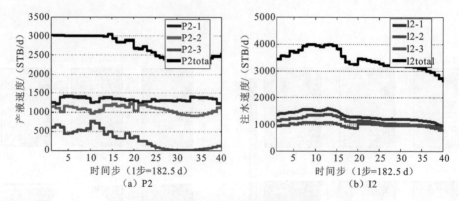

图 4-18　部分井流量控制结果

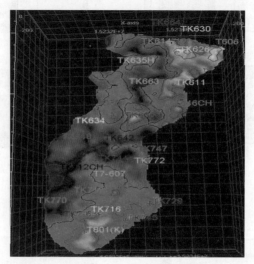

图 5-18　S80 区块构造图

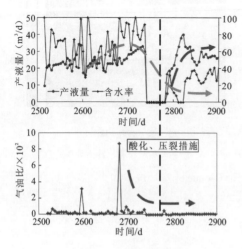

图 5-25　S80 井动态数据分析图

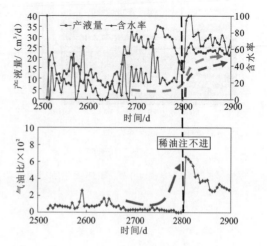

图 5-26　TK630 井动态数据分析图

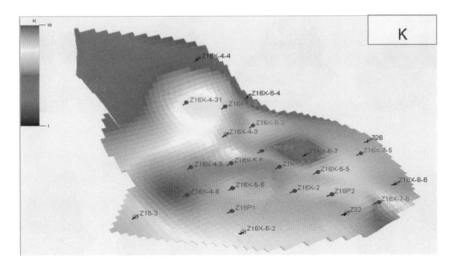

图 5-27　渗透率场分布图

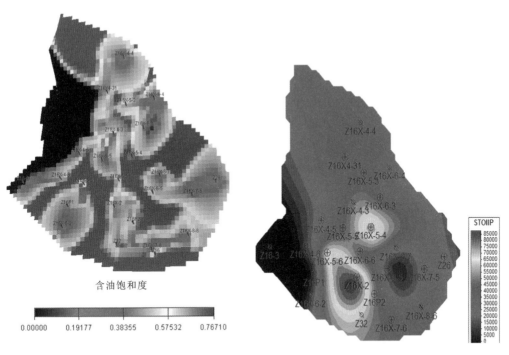

含油饱和度

0.00000　0.19177　0.38355　0.57532　0.76710

图 5-29　含油饱和度

图 5-30　原始地质储量

图版 XXV

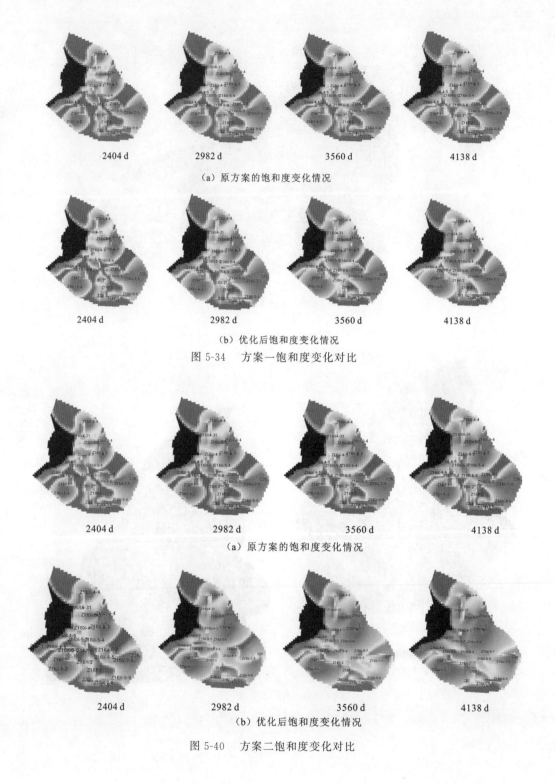

2404 d　　2982 d　　3560 d　　4138 d

（a）原方案的饱和度变化情况

2404 d　　2982 d　　3560 d　　4138 d

（b）优化后饱和度变化情况

图 5-34　方案一饱和度变化对比

2404 d　　2982 d　　3560 d　　4138 d

（a）原方案的饱和度变化情况

2404 d　　2982 d　　3560 d　　4138 d

（b）优化后饱和度变化情况

图 5-40　方案二饱和度变化对比